2023
黑龙江省社会科学学术著作出版资助项目

管理哲学视域的 环境伦理问题研究

宋 烨◆著

黑龙江大学出版社
HEILONGJIANG UNIVERSITY PRESS
哈尔滨

图书在版编目（CIP）数据

管理哲学视域的环境伦理问题研究 / 宋烨著 . -- 哈
尔滨 : 黑龙江大学出版社，2023.12（2025.4 重印）
ISBN 978-7-5686-0948-7

Ⅰ．①管… Ⅱ．①宋… Ⅲ．①环境科学－伦理学
Ⅳ．① B82-058

中国国家版本馆 CIP 数据核字（2023）第 038092 号

管理哲学视域的环境伦理问题研究
GUANLI ZHEXUE SHIYU DE HUANJING LUNLI WENTI YANJIU
宋 烨 著

责任编辑 陈连生 邱 实
出版发行 黑龙江大学出版社
地　　址 哈尔滨市南岗区学府三道街 36 号
印　　刷 三河市金兆印刷装订有限公司
开　　本 720 毫米 ×1000 毫米 1/16
印　　张 10
字　　数 140 千
版　　次 2023 年 12 月第 1 版
印　　次 2025 年 4 月第 2 次印刷
书　　号 ISBN 978-7-5686-0948-7
定　　价 49.80 元

前　　言

在工业现代化进程中,科学技术的飞速发展助推了人类社会经济的快速增长与物质繁荣。在社会经济发展的同时,工具理性一度成为社会的主流意识形态,"效率至上""发展主义"等成为现代工业社会的代名词,伴随工业不断进步、物质利益不断增长的是人们对自然资源的无限索取与人类生存环境的不断恶化,人与自然逐步走向"对立"。环境污染、物种灭绝、森林植被破坏、全球变暖等环境危机不断出现,迫使人们重新反思现代工业文明的道德基础,呼唤环境伦理的出场。

环境伦理正是人们对现代工业文明反思的成果。环境伦理作为秉持人与自然、人与人、人与社会之间和谐关系的、面向行动的新型伦理,旨在为人类保护环境、尊重自然、协调代际关系提供伦理解释。本书以管理哲学的视域,依据环境伦理规范,在调节人与自然关系的同时,更加关注于人与人、人与社会的关系,通过管理这种有目的的控制活动,化解人与自然及人的代际冲突与矛盾。

本书从管理哲学的不同向度出发,分别探讨管理活动中的环境伦理问题,即管理现实向度的环境正义问题、管理价值向度的环境关怀问题、管理权变向度的环境可持续问题。本书分析、提炼和总结环境伦理具体面向上的管理困境,并在此基础上进一步阐释环境伦理对管理活动的作用与价值,即整体主义管理价值观的塑造、公共性指向管理责任的确立、制度伦理的内生价值向度、环境治理的政策协调性与连贯性等,构成对管理困境的有力回应,进而对我国的环境伦理实践进行系统分析,探求人与自然和谐发展之下的具有中国特色的绿色发展之路。

目　录

绪　　论

一、研究目的和意义

（一）研究目的

本书立足管理哲学视域,站在哲学高度,运用哲学的方法,探寻管理活动与环境伦理之间的关系,通过调整人与人、人与自然的关系,尝试解决社会现代化进程中的环境问题。环境伦理是关于人类的生存和发展与生态环境之间关系的系统化的理论研究,管理活动作为人类社会普遍存在的实践形式之一,在不同方面影响和促进环境伦理的生成和践行。环境伦理源于人类对日益严重的生态问题的反思,是在对过去注重经济与效率发展模式所带来的环境问题、生态问题、人与自然关系等问题反思的基础上产生的关于人与自然和谐发展的新理念,是对现代工业文明道德基础的重建。自 19 世纪末 20 世纪初以来,科学技术迅猛发展,提高生产效率成为人类行为活动的主要目的,人类为实现这一目的对自然采取"杀鸡取卵"式的掠取方式,造成生态环境日益恶化,严重威胁人的生存境遇和生命安全。本书基于这样的现实背景,提出管理哲学视域下的环境伦理问题研究,在进一步明确和深化环境伦理本质的基础上,促使环境伦理在当代现实背景下更好地应用到政治管理、经济管理、社会管理、文化管理、生态管理和生活方式等方面的发展与构建过程中,实现绿色发展管理下的绿色生产、绿色消费和绿色生活,进而促使人与自然之间保持和谐共生的关系,在法治建设与伦理关怀等方式的共同作用下,实现人的自由全面发展。

(二)研究意义

管理哲学视域下的环境伦理不仅是伦理理论研究领域不断深化和拓展的成果,还是在一定的现实基础上对人类实践问题的反思与纠正,具有重大的研究意义。

1. 理论意义

首先,拓宽和深化了管理哲学的研究视野。本书将管理哲学与环境伦理理论结合起来,依据管理方式的发展脉络,分析环境伦理不同表现内容的具体面向与其面临的管理困境。从管理哲学的视角去审视环境伦理问题,能够体现不同管理程序下环境伦理与管理活动相互作用的形式,进一步彰显管理活动的多元特征。

其次,为环境伦理研究提供了新的视角。本书突破了传统伦理的研究视域,将人与人的关系视角进一步扩展为人与自然的关系视角,并将这一研究引入管理领域,站在管理哲学的高度,深入诠释环境伦理。

最后,通过探讨管理与环境伦理之间的关系,进一步丰富了管理哲学的内容。本书提出管理哲学视域下的环境伦理问题研究,进一步明确和深化环境伦理的本质,促使环境伦理能够在当代现实背景下更好地应用到政治管理、经济管理、社会管理、文化管理、生态管理和生活方式等方面的发展与构建过程中。

2. 现实意义

首先,有助于推动管理主体以环境伦理为思想武器化解环境危机。进入工业社会以来,人们的生产和生活方式深受经济增长论的影响,在无限追求经济增长与生产效率提高的前提下,人类活动的总压力逐渐超出了生态资源与自然环境的承载能力,人类渐渐忽视了对自然的关切,将自然作为攫取利益的工具,这导致环境恶化等一系列环境危机的出现。尤其是世界上存在着发达国家将本国内环境危机转嫁到发展中国家的情况,这不仅进一步加剧了发展中国家发展的困难,而且造成了新一轮国际的不公平现象,因此,如何化解环境危机是各国面临的重大课题。环境伦理的提出,促使人们反思工业社会的道德基础,重新认识人、社会和自然之间的关系,开始注重人、社会和自然之间的协调与平衡,特别是在管理哲学的视域下,以哲学视角重新思考人与自然之间的根本性问题,通过管理活动,解决环境问题。

其次,有助于推动管理主体有效扭转生态外生的发展方式,破解当前发展阶段受资源环境束缚的困境。当前发展方式是具有高耗能、高投入、高污染、高排放等特征的粗放式增长方式。长此以往,自然环境将不堪重负。经济增长与环境保护之间的对立与矛盾,不仅阻碍了社会的进一步发展,而且威胁人类的生存安全。环境伦理将自然生态作为重要的参与主体,从生态文明角度为管理理念的具体实施提供参考借鉴,促进人与自然和合共生。

最后,有助于我国运用环境伦理的实践方式实现绿色发展。绿色发展是我国推动生态文明建设、构建环境友好型社会的迫切需求。新时代,我国社会主要矛盾已经转化为人民日益增长的美好生活需要和不平衡不充分的发展之间的矛盾,这一矛盾同时包含着人类生存环境与长远发展之间的矛盾。我国提出绿色发展,将绿色发展作为五大发展理念之一,将生态文明建设作为当下的重要方略,尝试走出一条具有中国特色的绿色发展之路,为各国构筑生态文明新模式、实现人与自然和谐发展提供中国方案。

二、国内外研究现状

（一）国外研究现状

国外关于环境伦理的研究多基于伦理学、经济学、生态学的视角，探讨人与自然之间的关系，以及人对自然的不同认知。可以从一些政治学流派中，找到环境伦理的相关研究，但是大多较为片面，没有从管理哲学的角度探讨环境伦理。

1. 环境伦理研究的伦理学视角

环境伦理，从其本质来看，归属于实践伦理学的范畴。阿尔贝特·史怀泽（Albert Schweitzer）在《文化与伦理》中阐述了"敬畏生命"的伦理观，他主张扩大伦理关怀的范围，要求人敬畏生命，认为承担道德责任是合理的并且具有积极意义。奥尔多·利奥波德（Aldo Leopold）在《沙乡年鉴》一书中创立了大地伦理，利奥波德认为以往的各种伦理学理论都着重于协调个体和其所处的共同体的关系，大地伦理扩大了这个共同体的概念，它不只包括人类，而且包括土壤、水、植物和动物，即整个"大地"的生态系统。利奥波德运用系统思想诠释伦理观念。大地伦理就是一种处理人与大地，以及人与在大地上生长的各种动植物之间关系的伦理观，同时也是人对大地的态度和对人自身道德品质热爱、尊重及赞美的表现。因此，对环境伦理的研究离不开伦理学的宏大视角。首先是关于环境问题的多元论思考。克里斯托弗·斯通（Christopher Stone）在《地球伦理与其他伦理》一书中提出道德多元论的论断，认为环境问题所涉及的理论是多元的，因此要从全方位的视角去诠释环境问题，尤其当传统伦理理论已不足以支撑并解释环境问题时。① 安德鲁·布伦南(Andrew Brennan)在《对自然的思考:自然、价值和生态研究》一书中提出"多样态"观点,认为关于环境问题的思考框架可以是多样的,甚至是相互冲突的。② 彼得·S.温茨(Peter S. Wenz)在《环境正义论》一书中认同关于环境问题的这种多元论观点,认为当一种理论包含多种原则,且这些原则无法被统一为一个主原则时,这一理论就是多元化的。③ 其次是关于自然内在价值的论述。贝尔德·克利考特(Baird Callicott)在反对环境问题多元论立场的同时,提出了人将价值赋予自然客体的观点。霍尔姆斯·罗尔斯顿(Holmes Rolston)在《环境伦理学》一书中认为自然客体本身就是有价值的,其存在意义无涉于人的价值评判,也就是说,自然的内在价值是评判者发现的,而不是评判者创造的,这就为自然的人际保护提供了强有力的说服依据。④ 最后是关于动物权利的保护。玛丽·米奇利(Mary Midgley)在《动物及其重要性》一书中,提出动物是人类共同体的一部分,并试图将动物的义务、人类的义务与环境保护联系起来,认为人类对动物的义务、环境的义务与对社会的义务同样重要。⑤ 彼得·辛格(Peter Singer)主张动物解放论,他的《动物解放》一书为动物解放提供了伦理学理论根据。辛格认为动物同人类一样具有感受痛苦与快乐的能力,人类有义务使动物避免遭受痛苦,人类拒绝关心动物的苦乐没有道德上的合理性。汤姆·雷根(Tom Regan)在《动物权利研究》一书中,基于权利的概念,试图证明和解决不同主体权利间的优先性问题,他认为动物权利运动是人权运动的一部分,人类应当把自由、平等和博爱的原则推广到动物身上去。

---

① Stone C D. *Earth and Other Ethics*: *the Case for Moral Pluralism*, New York: Harper & Row, 1988.

② Brennan A. *Thinking about Nature*: *an Investigation of Nature*, *Value and Ecology*, Athens: University of Georgia Press, 1988.

③ 彼得·S.温茨:《环境正义论》,朱丹琼、宋玉波译,上海:上海人民出版社 2007年版。

④ 霍尔姆斯·罗尔斯顿:《环境伦理学——大自然的价值以及人对大自然的义务》,杨通进译,北京:中国社会科学出版社 2000 年版。

⑤ Midgley M. *Animals and Why They Matter*, Athens: University of Georgia Press, 1983.

绪论

2. 环境伦理研究的经济学视角

从经济学的视角探讨环境伦理,主要是探讨资源、人口、环境与经济发展之间的关系。古典经济学时期,亚当·斯密(Adam Smith)认为人口与资源成反比;托马斯·罗伯特·马尔萨斯(Thomas Robert Malthus)认为经济增长必然导致资源稀缺,所以人们应该重视并妥善处理经济增长与资源之间的关系;大卫·李嘉图(David Ricardo)注意到人口与环境资源之间存在的矛盾;约翰·穆勒(John Mill)探讨了经济持续增长与自然环境承载能力限制的问题。新古典经济学时期,阿尔弗雷德·马歇尔(Alfred Marshall)提出外部性经济的概念。罗纳德·哈里·科斯(Ronald Harry Coase)等新制度经济学派学者则强调通过完善市场机制的方式解决环境问题。这些学者都充分意识到在经济增长过程中存在的环境问题,关注环境承载能力对经济发展的限制等问题,并注重探寻解除这一限制、促使经济与环境保持平衡的策略。首先是关于环境容量与经济增长的关系研究。自 17 世纪末开始,经济学家就开始关注环境容量与经济增长之间的关系,对经济增长与经济理论有了更加深入的认知与探讨,其中,很多经济学家发现环境容量对经济增长起到至关重要的作用,并提出了相关的理论,认为经济增长要控制在环境容量范围内。例如,英国古典政治经济学之父威廉·配第(William Petty)意识到劳动创造财富的能力并不是无限的,而是受到自然条件制约的,他提出劳动价值论,认为人类所能创造的财富,不仅受到自身劳动的影响,而且受到土地等自然因素的制约。① 其次是关于人口增长与食物增长关系的研究。马尔萨斯在他的人口理论中提出,人口的增长必须要与食物的增长相适应,粮食供给能力是制定人口增长策略所必须要考察的重要因素。在此基础上,他提出了资源绝对稀缺论,认为人类不可能永远无条件地获得自然资源

---

① 威廉·配第:《赋税论》,邱霞、原磊译,北京:华夏出版社 2006 年版。

的满足,环境需要得到人类的普遍关注,人类应寻求经济与环境的平衡发展。① 最后是关于资本扩张、土地数量与生产的关系研究。穆勒提出静态经济理论,认为自然环境、人口和财富均应保持在一个稳定和谐的范围内,资本和土地的不足将是生产力提升的最大限制,资本的不断扩张与土地占有的严重不足是导致生产力下降的重要因素,必须将资源、环境与发展紧密结合以共同促进生产力的提升。②

3. 环境伦理研究的生态学视角

环境伦理研究的生态学视角基于现实环境问题与环境危机,探讨环境保护问题,源于环境保护运动的兴起。自人类进入工业社会以来,随着科学技术和经济的发展,人类在获取经济利益的过程中不断对自然环境造成损害,导致大气污染、水资源匮乏、生态环境失衡等环境危机的出现,为解决这一现实问题,环境伦理被广泛提出并用于指导人类实践。美国海洋生物学家蕾切尔·卡森(Rachel Carson)在《寂静的春天》一书中,首次提出生态的重要性,从而引起人们对生态问题的关注,她认为人类的某些行为将对自然环境造成不可逆的伤害,甚至会导致世界的毁灭。③ 史怀泽的《文化与伦理》和《敬畏生命:五十年来的基本论述》、利奥波德的《保护伦理学》和《沙乡年鉴》等著作的主要观点是反对人类中心主义,主张自然中心主义。史怀泽认为传统伦理学对于"善"的理解过于狭隘,应当加以扩展,因为人与自然万物是平等的。巴里·康芒纳(Barry Commoner)在《封闭的循环》一书中探讨人、自然和技术之间的关系,认为客观存在的自然与人类以先进科学技术改造的世界之间存在根本矛盾,科学技术虽然能够助推经济发展,但是它也是损害自然环境的工具,人类应该思考如何将科技与

---

① 马尔萨斯:《人口原理:英汉对照》,黄立波编译,西安:陕西人民出版社2007年版。
② 约翰·穆勒:《政治经济学原理及其在社会哲学上的若干应用》,赵荣潜、桑炳彦、朱泱、胡企林译,北京:商务印书馆1991年版。
③ 蕾切尔·卡森:《寂静的春天》,吕瑞兰、李长生译,上海:上海译文出版社2014年版。

· 7 ·

绪论

生态有效结合,用以调整经济活动。① 1972 年,罗马俱乐部发表名为《增长的极限》的研究报告,报告中指出,自然资源是有限的,而人类的欲求是无限的,以目前的发展方式,自然资源将在不久的将来枯竭,经济增长将会停滞,人类正面临"全球性环境危机"。② 也有学者对此提出了不同的看法,朱利安·林肯·西蒙(Julian Lincoln Simon)在其著作《最后的资源》中,对人的创造性持乐观态度,认为自然资源可以通过人的创造性获得"再生",以其他形式被创造出来作为替代资源。直到 20 世纪末,在生态学领域仍然存在两种对立观点,一种是人类中心主义,另一种是自然中心主义,这两种观点是不能相互妥协的两个极端,因此,一些学者将目光投向管理哲学,以寻找人与自然和谐相处的最佳状态。

4.环境伦理研究的管理哲学视角

从管理哲学的视角探讨环境伦理的研究并不多见,其中大多为政治学研究中解决环境问题与环境危机的对策研究。首先是关于生态自由主义的认知。20 世纪 80 年代,新自由主义作为一种思潮,在各个领域产生影响,在人与自然的关系认知上体现为生态自由主义。生态自由主义强调资本主义制度的合理性,认为将生态资源转化为物质财富是充分利用自然、遵循自然发展规律的体现,人类文明的发展必然建立在自然资源消减的基础上。生态自由主义反对人对自然进行关照,认为这无疑将会进一步加深人与自然的矛盾。其次是关于生态激进主义的认知。生态激进主义深受无政府主义的影响,不赞成人类中心主义,因而走向另一个极端,即赞成自然环境至上。生态激进主义否定人类一切开发、改造自然的行为合理性,主张人类应回归原始生活的自然状态。再次是关于生态马克思主义的认知。生态马克思主

---

① 巴里·康芒纳:《封闭的循环》,侯文蕙译,长春:吉林人民出版社 1997 年版。
② 丹尼斯·米都斯:《增长的极限——罗马俱乐部关于人类困境的报告》,李宝恒译,长春:吉林人民出版社 2006 年版。

义旨在将生态学与马克思主义思想结合,试图用马克思主义思想与理论指导解决环境危机,是合理处理人与自然关系的新理论尝试。生态马克思主义对资本主义制度进行深刻反思,认为资本主义生产方式是造成全球环境危机的根源,对这一制度实施变革是解决环境危机的唯一出路。代表人物及著作有赫伯特·马尔库塞(Herbert Marcuse)《单向度的人》、本·阿格尔(Ben Agger)《西方马克思主义概论》、詹姆斯·奥康纳(James O'Connor)《自然的理由——生态学马克思主义研究》等。最后是关于政府责任伦理的认知。伊曼努尔·康德(Immanuel Kant)将责任引入伦理学之中,认为责任是伦理学的核心概念,是一切道德价值的源泉。马克斯·韦伯(Max Weber)首次提出责任伦理的概念,认为责任伦理是政治家必须恪守的道德准则,随后,汉斯·约纳斯(Hans Jonas)、约翰·雷德(John Ladd)等人扩展了责任伦理的概念。随着生态危机的日益加剧,在学者更加重视人与自然的伦理关系、找寻人与自然和谐相处实现路径时,产生了环境伦理研究新的价值转向,促使人类社会的伦理道德观念发生深刻变革。

(二)国内研究现状

国内关于环境伦理的研究起步较晚,开始于 20 世纪 80 年代。近年来,我国学者围绕着这一学科基础理论问题进行探讨,取得了许多有价值、有特色的研究成果。

1. 我国环境伦理的学科体系现状

国内学者在研究和评价国外环境伦理理论成果的基础上,逐渐形成了自己的环境伦理学科体系,出版了大量的相关著作,如余谋昌的《生态哲学》、叶平的《生态伦理学》和《环境的哲学与伦理》等。随着研究的深入,系列著作相继出版,如吴国盛主编的"绿色经典文库"(16 本)、诸大建主持翻译的"绿色前沿译丛"(11 本)、张岂之主编的

"环境哲学译丛"（4本）、杨通进主编的"走向生态文明丛书"（7本）、刘湘溶主编的"环境伦理学研究丛书"（3本）、郇庆治主编的"环境政治学译丛"（12本）等。这一系列著作囊括了环境伦理学的产生、发展、变化。我国的环境伦理研究着眼于新时期的环境现实，结合生态学、系统科学等学科，向多领域、多方向、深层次发展，并出现了新的研究方向，如深层生态学、生态女性主义等。我国学者将环境伦理理论与我国具体国情相结合，形成了具有中国社会主义特色的环境伦理学。

2. 关于环境伦理的基本问题研究

国内学者多对于环境伦理的基本问题展开探讨，并结合我国现实情况，提出环境保护的建议与具体措施。杨通进提出环境伦理学关注的三个理论焦点分别为人类中心主义与非人类中心主义、权利话语与环境伦理、自然的内在价值与环境伦理，并认为学者对这些问题的关注意味着他们正试图超越具有二元论特征的价值范式。[1] 此外，他认为环境伦理具有多元化的特征，因此其内部必然存在分歧与差异，这些分歧与差异主要体现在理论、文化与社会等方面，所以他主张建立一种多元、开放的环境伦理学。[2] 曾建平认为："关于环境伦理学的研究对象问题主要有四种观点：①生态的伦理价值和人类对待生态的行为规范的研究；②人类与自然之间的道德关系，而非人类社会内部人与人之间的道德关系的研究；③人和自然关系的机制和功能，生态道德的本质及其建构的规律的研究；④人们对待环境的道德态度和行为规范的研究。"[3]他将这四种观点概括并总结为两大说法："关系说"和

---

① 杨通进：《环境伦理学的三个理论焦点》，载《哲学动态》2002年第5期，第26–30页。
② 杨通进：《多元化的环境伦理剖析》，载《哲学动态》2000年第2期，第22–25页。
③ 曾建平：《中国环境伦理学研究20年》，载《中南林业科技大学学报（社会科学版）》2007年第1卷第1期，第49–55页。

"规范说"。他认为这两种说法都有不可避免的缺陷，因此产生了以徐嵩龄等人为代表的"综合说"。徐嵩龄认为环境伦理的研究范畴既包括"人对自然的伦理关系"，又包括"受人与自然关系影响的人与人之间的伦理关系"，并认为由此衍生出复杂的研究谱系，其核心主题为环境价值观与环境道德行为准则。① 余谋昌认为当今世界正从工业文明向生态文明过渡，环境伦理作为生态文明的重要观念，将成为生态文明建设的理论支点。② 王妍、刘猷桓从生存论人道主义、人为自身立法、人类整体意识等角度探讨环境伦理的内涵，认为环境伦理建构的是一种伦理态度的转变。③

3.关于环境伦理的实践研究

王韬洋认为在环境问题中，世界各国之间普遍存在"环境不公"的现实，而当代环境伦理理论研究因为缺乏对现实的关注而导致自身陷入某种发展困境，因此，其实践研究可以落在如何解决"环境不公"的问题上。④ 朱力、龙永红认为我国环境非正义问题仍然存在，因此我国需要完善调控策略，从资本、经济、制度、观念等多个方面创建"发展中协同控制污染"的环境治理模式。⑤ 徐嵩龄提出可持续发展环境伦理观是环境伦理的理论与实践有机结合的产物，该伦理观遵循人地和谐的自然观、生态安全原则、综合效益原则、公平与正义原则、共赢竞争方式、整体主义方法论。⑥ 王南林、朱坦认为可持续发展的环境伦理观

---

① 徐嵩龄：《环境伦理学研究论纲》，载《学术研究》1999 年第 4 期，第 23—29 页。
② 余谋昌：《环境伦理与生态文明》，载《南京林业大学学报（人文社会科学版）》2014 年第 14 卷第 1 期，第 1—23 页。
③ 王妍、刘猷桓：《环境伦理内涵指向》，载《科学技术与辩证法》2009 年第 26 卷第 1 期，第 66—69、94 页。
④ 王韬洋：《"环境正义"——当代环境伦理发展的现实趋势》，载《浙江学刊》2002 年第 5 期，第 173—176 页。
⑤ 朱力、龙永红：《中国环境正义问题的凸显与调控》，载《南京大学学报（哲学·人文科学·社会科学）》2012 年第 1 期，第 48—54 页。
⑥ 徐嵩龄：《环境伦理观的选择：可持续发展伦理观》，载《生态经济》2000 年第 3 期，第 38—40 页。

绪论

是一种新型的环境伦理理论,能够有效整合人类中心主义与非人类中心主义,并超越这二者成为更加具有包容性和综合性的理论体系。①宣兆凯提出建构环境保护机制是落实环境伦理原则的重要途径,应从生态整体利益观、生态平等观、道德主体观等方面强调环境保护的社会实践。②虽然我国对生态环境保护的研究晚于西方发达国家,但是国内从事马克思主义哲学原理、自然辩证法、地理学、生态学、植物学等研究的学者已从不同角度发表了大量的研究成果,其中的思想可以为环境伦理的研究提供借鉴。

4. 关于环境治理的政府行为研究

王瑜、许丽萍从政府、市场、社会的环境伦理关系角度出发,探讨政府应当树立的现代环境伦理观,并认为应以制度为保障建立政府、市场、社会有机结合的可持续环境保护机制。③肖巍、钱箭星从政府职能转变的角度出发,认为政府在环境治理行为方面存在一定的差异性,政府需要加强自身的环境治理职能,并发挥治理主体优势,引导企业和社会组织不断参与环境保护,不断完善环境政策和环境制度。④赵志平、贾秀兰认为环境保护中政府这一治理主体将发挥至关重要的作用,并分析、比较了我国环境保护体制中中央与地方政府的环境治理能力,提出地方政府应有效结合第三方(即非政府组织)以发挥整体性效力的建议。⑤李冰强从区域环境治理的角度分析了地方政府在此过程中存在的"集体行动的困境",他认为,为破解这一困境,地方政府

① 王南林、朱坦:《可持续发展环境伦理观:一种新型的环境伦理理论》,载《南开学报》2001年第4期,第69-76页。
② 宣兆凯:《环境伦理走向实践的路径探索——建构以环境保护机制效能为取向的环境伦理》,载《北京师范大学学报(社会科学版)》2005年第4期,第85-88页。
③ 王瑜、许丽萍:《关于环境伦理的行政思考》,载《长春市委党校学报》2014年第5期,第25-29页。
④ 肖巍、钱箭星:《环境治理中的政府行为》,载《复旦学报(社会科学版)》2003年第3期,第73-79页。
⑤ 赵志平、贾秀兰:《环境保护的政府行为分析及反思》,载《生态经济》2005年第10期,第76-78页。

需要从"个体理性"转向"整体理性",建立健全区域环境治理的合作机制、考核机制以及问责机制。① 邹晓涓认为政府在环境治理中存在缺乏规范化管理、效率较低等问题,因此急需加强政府环境治理的法治化建设,完善行政管理体制,借助信息化、数字化平台完善环境信息监测与反馈机制,加强环境教育宣传力度,以及鼓励公众主动参与环境治理工作。②

(三)国内外研究述评

从国内外的研究现状可以看出,关于环境伦理的研究多集中在伦理学、经济学、生态学等领域,研究的重点在于对传统"效率至上"发展观所导致的环境污染和生态恶化等现实问题的反思,没有从理论根源上切实地认识环境伦理的本质和内容,也没有给予环境伦理实践以制度保障、政策支持和文化强化,研究视角较为单一和片面。目前,从管理哲学领域探讨环境伦理的研究成果相对较少。管理哲学本身具备全面、综合的视角,可以弥补其他领域的环境伦理研究的不足。因此,从管理哲学的视角看,目前对环境伦理的研究还不够明确、不够具体、不够系统,主要体现在以下几个方面。

第一,研究的广度不够。目前,研究环境伦理的学者大多从各自的学科视野探讨环境伦理的某些属性,或者更注重对问题的分析,而没有将环境伦理作为一个整体的理论与实践的结合,忽视了这一角度,不但不能揭示环境伦理的真正内涵,而且不能真正在实践中解决环境问题,导致环境伦理始终作为一种理论形态而无法为现实服务。

第二,研究的深度不够。学术界的相关研究多集中于对事实的分

---

① 李冰强:《区域环境治理中的地方政府:行为逻辑与规则重构》,载《中国行政管理》2017年第8期,第30—35页。
② 邹晓涓:《政府环境治理的现实困境及原因解析》,载《湖南行政学院学报》2017年第6期,第5—9页。

析,而没有对环境伦理予以深入的、整体性的挖掘。环境伦理具备多元化的特征,所以我们必然要有全方位的视角才能窥见其全貌,继而对现实问题有更为深刻的把握。

第三,理论结构有待完善。学术界的相关研究多从环境伦理的某一方面入手,研究成果整体呈现碎片化的特征,缺少综合性的研究视角和系统性的理论结构,而系统性的理论结构不仅意味着完善的理论分析,而且指向能够解决现实问题的实践策略。

第四,研究方法论缺乏系统性。总体上,国内外研究者对于环境伦理学方法论研究缺乏前瞻性思考和整体性认识,没有做出系统的分析和解答,也没有对环境伦理学方法论进行深入研究和全面解析。因此,要走出环境伦理的理论困境,必须对当代环境伦理的方法论研究进行分析与整合,构建科学的环境伦理学方法论。管理哲学中的权变主义思想为当前环境伦理的理论困境提供了一种解决路径,在环境伦理理论的建构和发展中具有不可替代的独特价值。

第五,研究的实践应用性不够。这一领域层出不穷的研究成果大多围绕某些理论命题或基本概念展开讨论,但对如何将基础理论与我国的发展实践相结合的探讨较少。

三、基本思路与主要创新

(一)基本思路

本书基于管理哲学视域,剖析环境伦理的本质内涵及具体表现形式,分析环境伦理在实践中遇到的管理困境,进而阐释环境伦理的作用及破解管理困境的方法,并探讨了环境伦理在我国的具体实践形式——绿色发展的价值意义及构建路径。

本书共分为六章,第一章是对环境伦理基本问题的阐述,包括环境伦理的产生、环境伦理的理论基础,以及在管理哲学层面反思环境伦理的相关问题。对其基础问题的分析有助于厘清和理解环境伦理的真正含义。第二、三、四章是从管理哲学的视角,结合管理的某些特定价值选择,对环境伦理的三个核心问题分别进行探讨,这三个核心问题即管理现实向度的环境正义问题、管理价值向度的环境关怀问题、管理权变向度的环境可持续问题,通过论述管理活动与环境伦理的相互作用,分析环境伦理在具体面向上的管理困境。第五章主要探讨环境伦理对管理活动的作用与价值,从整体主义管理价值观的塑造、公共性指向管理责任的确立、制度伦理的内生价值向度、环境治理的政策协调性与连贯性等方面阐述环境伦理对管理活动的影响。第六章主要论述中国环境伦理的实践之维——绿色发展,提出绿色发展目前存在的问题与未来的发展路径,探索人与自然和谐发展之下的具有中国特色的绿色发展之路。

(二)主要创新

本书基于管理哲学探讨环境伦理问题,始终围绕管理活动与环境伦理之间的相互作用与辩证关系展开论述,由阐述基本释义到提出问题再到破解困境,最后探讨环境伦理在我国的具体实践形式,完成由破到立的过程。管理哲学视域中的环境伦理,不仅探讨人与自然之间的关系,而且对在此基础上产生的人与人、人与社会之间的关系进行研究。管理作为人类的一种普遍行为方式和一种有目的的控制活动,能够帮助解释并纠正人们对于环境问题的错误认知、判断与行为方式,是解决环境问题、化解环境危机的重要手段之一。

本书的创新在于以管理哲学的视角探讨环境伦理问题,既对环境伦理的理论进行整合、分析,又对管理活动与环境伦理进行反思、批判,并在此基础上探寻环境伦理实践的现实可能性,找出解决现实问题的具体策略。本书将环境伦理问题具体化为环境正义、环境关怀、环境可持续三个方面,并将这三个方面与管理价值选择相联系,透彻分析环境问题的本质,探寻解决环境问题的环境管理策略。

四、主要研究方法

(一)学科交叉法

管理哲学是一门交叉学科。本书立足于管理哲学,综合运用多个学科的理论知识和研究方法探讨环境伦理学的相关内容。本书在分析环境伦理与管理活动的关系时,运用了管理理论和环境伦理理论,同时,本书在对人与自然关系的梳理中还运用了中国哲学、马克思主义哲学、伦理学、生态学等学科的理论和方法。

(二)整体研究法

本书对环境伦理的考察基于整体性的系统理论,从多方面的管理价值认知考察环境伦理的不同内容,并探讨环境伦理对于管理活动的作用与意义,从全面的视角探索管理活动与环境伦理的关系及相互作用。

(三)实证分析法

本书从管理哲学的角度在对环境伦理进行充分的理论分析的前

提下,结合具体环境问题的管理困境,分析现实环境问题与环境危机产生的内在原因,并从绿色发展这一环境伦理的具体实践形式探讨中国环境伦理实践之路。

(四)文献分析法

任何理论研究都是在对现有理论成果全面梳理的基础上,把握研究现状和前沿进展,进行深入研究和理论创新。本书对文献的搜集、鉴别与整理主要集中在三个方面:马克思主义经典作家的相关著作、国内外学者关于环境伦理的相关论著、我国相关文件和报告等。本书通过对历史和当前相关研究成果的深入分析,系统把握环境伦理的研究前沿及我国绿色发展的现状。

第一章　环境伦理概述及其管理哲学反思

　　环境伦理是研究人与自然道德关系的学科,力图通过反思人类实践行为的负效应,建立一种人与自然和谐相处的环境伦理关系,以促进人类社会的可持续发展。环境伦理突破了传统伦理的研究范畴,对工业社会背景下人与自然二元对立的价值选择进行反思与批判,并在长久以来存在着的人类中心主义与非人类中心主义之争的融合与超越中发展起来,成为现代工业文明的新型道德基础,指导人类行为,尊重自然发展规律,重新认识自然的存在意义。近年来,各类环境危机给人类生活造成了极大威胁,并且呈现全球化发展趋势,在解决环境问题上的协同与合作成为当今各国的重要议题。因此,从管理哲学视域探讨并反思人口、资源与环境问题,政策制度设计与环境问题,以及绿色壁垒与环境问题都具有重要的价值和意义。

第一节　传统伦理与环境伦理

　　环境伦理与传统伦理的研究范畴不同。环境伦理拓展了传统伦理的研究范畴,即从研究人与人的道德关系拓展为研究人与自然的道德关系。人类中心主义遵循传统伦理的道德原则,将道德关系限制在人与人之间,奉行以人为核心和主体的价值观念,对自然采取无限索取的行为,将自然作为人类攫取利益的"工具"。环境伦理则不仅是一种非人类中心主义的道德价值选择,而且是对人类中心主义与非人类中心主义的超越与融合,它在某种程度上能够平衡人的利益与自然的利益,形成人与自然整体利益发展下的新型伦理范式。

一、价值认知之争:人类中心主义与非人类中心主义

传统伦理体现了以"己"为中心的人类内生关系,旨在规范人与人、人与群及人与社会之间的道德关系。传统伦理以人为核心和目的,认为人是唯一的价值尺度,并以人的利益作为一切活动的出发点和归宿,因而是人类中心主义的伦理学。人类中心主义基于牛顿的机械论世界观和笛卡儿主客二分的哲学理念,使人与自然的关系逐步走向对立。从客观的历史发展进程来看,人类中心主义是一种关于人类认识的伟大成就,它的核心思想是以人为一切事物的尺度,这是相较于中世纪时期的神学世界观而言的。神学世界观认为"上帝"创造了一切,世俗世界由"上帝"主宰,人不具备主体性。启蒙运动打破了神学世界观的束缚,弘扬人的主体性,进而产生了人类中心主义的价值认知。在这种价值认知的指导下,人类进入了现代文明,取得了巨大的成就,但是这种成就是局部的,或者说是有局限性的。人类中心主义具有较强的"反自然"倾向,由此导致的人类对自然的漠视和过度开发行为从根本上损害了人类的生存环境,违背了人类发展的最初目的,使人类陷入发展的困境之中。因此,学界产生了关于人类中心主义合理性的争论。

首先是关于道德主体的争论。现代文明的发展实践向我们提出了一个十分尖锐且不容忽视的问题,即人是否是唯一的道德主体。传统伦理将人作为唯一的道德主体,它以个体的人的道德为基础,探讨人类社会内部的道德关系,认为自然界中的其他事物都是为实现人的利益而服务的,人在自然界中拥有绝对的优先地位。但在现代发展实践中逐渐显现的环境问题,已经超出了传统伦理的研究范畴,暴露出人类中心主义价值认知的局限性。在自然界中,人不是唯一的道德主

体,我们除了要关注人与人、人与群、人与社会之间的道德关系,还要关注人与自然、人与环境、人与其他生物之间的道德关系。其次是关于内在价值的争论。中国传统伦理主张以"己"为基础的"推己及人",体现了只有人才具有内在价值的含义,认为人是唯一具有理性和主体意识的存在。虽然人的主体地位不容置疑,但是人作为自然界的一部分,必须充分尊重自然本身的存在意义,即承认自然本身的内在价值,自然的内在价值不因人的主观评价而转移,故人的行为除了受制于人类自身内在价值的引导和规范之外,还要接受自然内在价值的制约。人对自然的尊重和保护来自自然本身具备的内在价值,而非来自人类自身利益。在此基础上,经过对自然的合理开发和利用,人类可以将自然的内在价值转化为维持人类生存与发展的某些价值。最后是关于自然权利的争论。从存在论的角度来看,自然本身拥有存续的权利,虽然一定程度上自然作为人类的意识对象处于被动地位,但是随着人对于主体认识的深入,人对"自然是否具备权利"这个问题有了新的思考和认知。人的发展离不开自然环境的支撑和物质资料的供给,自然环境的生态循环同样需要人类的助力,因此人类与自然环境之间相互支持、共生共存。当然,承认自然存续的权利并不等于赞同自然中心主义。自然中心主义是另一种极端的价值认知,人类的生存和发展必然要依靠对自然的合理开发和利用,倡导自然中心主义则是否定了一切人类对自然的合理索取行为,同时也否定了人的现代发展价值,因此,承认自然权利的出发点并不是探讨谁为中心的问题,而是探讨人与自然和谐共生的命题。

人类中心主义以人的利益为出发点,自然中心主义以自然的利益为出发点,两者均有其局限性,因此,伦理学的现代拓展更强调以人与自然和谐共生为出发点,即人与自然皆可作为道德主体,人与自然皆有内在价值,人类承认自然权利的存在,并以此为基础,尊重自然,保护环境,将对自然的开发保持在合理范围之内。恩格斯曾说,"不要过分陶醉于我们对自然界的胜利。对于每一次这样的胜利,自然界都报复了我们"①。在现代工业及科学技术发展的背景下,人类中心主义的盛行导致人与自然的关系出现严重问题,伦理学的价值选择陷入两难,传统伦理在面对现代化视野下人与自然关系问题上显然不再具备解释力。非人类中心主义的评价体系"可以是以所有动物为中心的,即承认动物也拥有值得人类尊重的天赋价值,也具备成为'道德顾客'的资格;或者是生命中心论的,即倡导一种以地球上所有生命为中心的环境伦理学",可以说,非人类中心主义同人类中心主义存在着一些共同之处,比如"都顾念人类的存在和命运,都顾及人的利益和需要,都重视人类生存环境,为人类的前景和未来的命运担忧"。②

人与自然之间到底应该秉持一种什么样的关系样态,才能促使人更加自由、全面地发展?通过人类中心主义与非人类中心主义的争论可知,人应以与自然和谐共生为价值前提,将人与自然作为一个完整系统的组成部分,二者相互作用,缺一不可,如果失去了一方,另一方也同时失去了存在的意义,系统内需要均衡,一方不能以损害另一方为代价进行无限制发展。然而,从目前的发展程度来看,人与自然的系统在很大程度上还是一种自发的活动,人对这个系统内的关系还没有调节和控制能力,"无法想象,人能够在不受任何约束的情况下会主动萌生出伦理的冲动"③,而这需要政府管理的介入。政府管理是人类文明的高级产物,是人类的一种有组织的、有效的、有意识的控制行为,科学地应用政府管理能帮助人与自然始终保持和谐共生的状态。"'非人类中心主义'支持'自然内在价值'说,实际上已经对传统伦理学的'内在价值'观念进行了修正"④,非人类中心主义已超越传统伦

---

① 恩格斯:《自然辩证法》,中共中央马克思恩格斯列宁斯大林著作编译局编译,北京:人民出版社 2018 年版,第 313 页。
② 李培超:《中国环境伦理学的十大热点问题》,载《伦理学研究》2011 年第 6 期,第 85 页。
③ 李培超:《关于生态伦理学研究中的几个问题》,载《哲学动态》1998 年第 1 期,第 27 页。
④ 朱平:《环境伦理认知的价值视域》,载《南京工业大学学报(社会科学版)》2016 年第 15 卷第 3 期,第 36 页。

理的范畴,急需确立一种以人与自然的道德关系为核心的新型伦理范式,即环境伦理。非人类中心主义是对人类中心主义的扬弃,不是简单地否定了人类中心主义以往所取得的成就,"人类承认生物和自然界生存的道德权利,从而用道德纽带把人—生物—自然界之间的关系联系起来,用道德的必要性作为'人—自然'系统不断完善和正常运转的因素,实现人与自然和谐发展"①。人类中心主义与非人类中心主义的价值争论是传统伦理向现代环境伦理转向的必然过程,同时,对人类中心主义与非人类中心主义的融合与超越已成为环境伦理这一新型伦理观的价值前提。

二、利益尺度整合:人的利益尺度与自然的利益尺度

非人类中心主义面临一个两难的利益选择问题:既要对自然环境进行开发利用,以保证人与社会的发展需要,又要尊重和保护自然环境。从人的利益出发和从自然的利益出发,这两种尺度都具有合理性。人与自然之间的利益关系,既有相互对立的一面,又有相互统一和协调的一面,如何化解冲突并且使二者和谐发展,这就需要管理活动在人与自然利益关系方面发挥调节和控制的功能。人类在自然界中处于较高的地位,人类的行为对其他生物的生存和发展至关重要,人类有责任不断提高自然生态系统维持生命活动的能力:既要增进人的利益,又要增进自然的利益。

保护环境是不是为了保证人类的利益?关于这个问题的回答是人类中心主义反对非人类中心主义的切入口。当人的利益与自然的利益发生冲突时,谁具有优先性?如果说人的利益优先于自然的利益,那又不可避免地陷入了人类中心主义的泥沼。如何厘清二者的关系?从伦理学的角度来看,利益并非道德的标准,伦理学并不能以对

---

① 余谋昌:《走出人类中心主义》,载《自然辩证法研究》1994 年第 10 卷第 7 期,第12 页。

谁有利为标准来判断事物存在的合理性,利益的价值标准要用道德来衡量。人的利益的合理性程度该如何确定,以使人类对利益的谋求保持在合理范围内,而不造成对自然环境的损害和过度索取?西方人类中心主义的环境伦理学家布莱恩·诺顿(Bryan Norton)把人类的偏好分为感性偏好和理性偏好,认为满足人类一切感性偏好的主张属于强的人类中心主义,而满足人类理性偏好的主张属于弱的人类中心主义。还有学者认为需要不断完善人类中心主义。归根结底,这些主张的初衷还是从人的利益出发,回到人的利益本身。"作为寻找一种代替工业文明的主流价值观(这种价值观导致了现代的生态危机)的尝试,非人类中心主义环境伦理学的努力是值得鼓励的"①,非人类中心主义的环境伦理主张整合人的利益尺度与自然的利益尺度,认为人与自然之间具备道德关系。传统伦理从人的道德出发,坚持人的利益尺度这一唯一标准,奉行人类中心主义的价值准则,没能关涉自然的利益尺度。人类对现代工业技术与科学的不当使用对自然造成了破坏,导致了严重的环境问题,使人们对传统伦理所奉行的利益尺度提出质疑和反思,因此,一种新的基于人与自然环境道德关系的现代伦理范式急需被确立,用以规范人类改造自然的行为。保护环境是人类的责任和义务,从人的主体性角度出发,人与自然地位平等,相互支撑,共生共存。不容否定,虽然人类的行为普遍与自身的利益有关,但是人类要坚决反对各种形式的利己主义,要从人类的整体利益出发,使人类的利益符合自然的发展规律。

基于人与自然道德关系的人类行为合理性范畴,通过管理等有目的的控制活动,使环境伦理这一现代新型伦理内化为人们的行为准则,促使人类自觉践行保护环境的责任和义务,实现人与自然的和谐共生,是人与自然形成道德关系的终极目的。任何一种伦理学,其存在和发展的前提都必须是肯定人的生存和延续,否则这种伦理学就是

① 杨通进:《环境伦理学的三个理论焦点》,载《哲学动态》2002年第5期,第27页。

没有生命力的。环境危机的不断显现，是因为一些人将自身的利益放在最高的位置上，这些人没有考虑全人类的利益，只顾自身的发展而不顾他人和后代人的生存权利，表现为个人利己主义、集团利己主义和代际利己主义等。利益是确定道德原则的依据，人类中心主义把环境道德仅仅理解为调节人与人利益关系和实现某些既定价值的手段，只注重人的行为规则。但是，这些规则却不在"人的理想状态"或"完美的人的形象"范围内，无法形成客观的、统一的道德标准，"只有确定了完美的人的形象，关于人的行为的规则才不至于异化为限制人的桎梏"①。人类共同体的利益与自然的利益是一致的，两者的整合方式构成环境道德的基础，进而形成统一的道德标准。正是考虑到两种利益尺度的整合，环境伦理才将人对非人类存在物的责任和义务纳入伦理学的范畴之中。

人类中心主义虽有不足，但是其价值和意义也不容否定。从人与自然关系的角度讲，非人类中心主义是对人类中心主义的一种超越，或者是对强的人类中心主义的弱化、补充和完善。环境伦理本身就存在着超越和突破人类中心主义与非人类中心主义局限的可能，因此，当代环境伦理在传统伦理的基础上逐步扩大了道德关怀的范围。人的利益尺度与自然的利益尺度的整合是环境伦理的道德基础，"从主体性出发去看待和把握对象世界的基本原则，认为人与对象的关系不是彼此外在的直接关系，而是以主体的'对象性'活动为中介的间接关系，以自我主体和对象主体的相互作用、相互过渡而转化为彼此内生的关系，于是，人在对象中确认自身、实现自身；与此同时，对象也在生成人中实现自身"②。从人作为主体的角度出发，自然是人的对象性存在，但是从存在论的角度出发，自然的存在无关于人的评判，人与自然皆是客观存在的。由于人本身具备其他生物所不具备的智慧和主体能动性，因此在人与自然关系的处理上人占据着主动性，但绝不会

① 余谋昌、雷毅、杨通进：《环境伦理学》，北京：高等教育出版社 2019 年版，第 47 页。
② 崔永和等：《走向后现代的环境伦理》，北京：人民出版社 2011 年版，第 25 页。

仅仅以人的利益尺度为标准来确定道德准则。

三、伦理范式转换:环境伦理的出场与发展

随着现代工业文明和科学技术的迅猛发展,人对自然的过度开发导致环境危机问题相继出现,迫使人们开始反思人与自然之间的关系。对这一对关系的处理在伦理学的研究范畴中,但传统伦理仅停留在人与人以及人与群的关系层面,人与自然的关系问题超出了传统伦理的研究范畴,因此,急需确立一种新型的探讨人与自然环境之间关系问题的伦理范式,环境伦理应运而生。

环境伦理的历史最早可以追溯到西方早期的资源保护运动。19世纪的美国正处于战后经济恢复并高速发展的时期,工业化进程的推进不断提高美国工业对原材料的需求,对森林和地下矿产等资源的开采给美国带来巨大的经济利益。当时的美国民众普遍对自然持漠视的态度,肆意攫取自然资源,导致森林和土地受到严重破坏,大气污染、物种灭绝等生态危机威胁人们的生存。这一系列问题引起了一批美国哲学家、博物学家的关注,乔治·珀金斯·马什(George Perkins Marsh)首先对资源无限论提出批评,他认为人类若不改变把自然当作消耗品的观念,最终将走向毁灭。另有一些学者受欧洲浪漫主义运动及达尔文进化论的影响,对工业化进程中人与自然之间的关系进行深刻反思,基本围绕着资源保护论和自然保护论展开探讨。资源保护论倡导对自然的保护,认为保护自然是为了更好地利用自然,要保护的不是自然本身,而是人的社会经济体系,所以,资源保护论是一种功利主义的自然保护思想。自然保护论是一种超越了功利主义思想且从自然本身出发的自然保护思想,它强调的不是人能够从自然中获取多少利益,而是自然本身需要得到人的尊重,并且人应尽到保护自然的义务。人道主义思想家史怀泽提出"敬畏生命"的伦理思想,认为人对自然界的其他生命负有责任和义务,人应该尊重生命、敬畏自然。他

认为,只关心人际关系的伦理学是不完整的,道德只涉及人与人之间的行为是所有伦理学最大的缺陷。利奥波德提出"大地伦理"思想,他被称为"发展生态中心主义的环境伦理学最有影响的大师"和新环境保护主义运动的"先知"。他提出"大地共同体"的概念,认为人与大地共同体之间需要建立一种伦理关系,人只是大地共同体中同其他存在物具有同等地位的普通一员,人的发展应以尊重生命和自然为前提,所以应建立起符合经济、生态、伦理、审美的多元价值评价体系。随着对自然保护呼声的提高以及相应政策的制定与实施,自然环境保护有了一定的成效。但是随着工业化的不断推进以及现代科学技术的高度发展,另一个问题出现在人们面前,就是严重的环境污染。1962 年,卡森出版《寂静的春天》一书,拉开了现代环境保护的序幕。她在书中向社会公众揭示了人对自然冷漠而傲慢的态度,她认为对自然的狂妄态度是人类不成熟的表现。20 世纪 60 年代,环境运动在西方世界迅速崛起,成为资本主义工业文明内在矛盾日益加深的一个重要标志。经济的繁荣发展为人们带来了丰裕的物质生活,同时也滋长了人的自大意识:人类力图征服自然,认为人类越能征服自然,就越能让物质财富充分涌流。环境运动批判了人对自然的狂妄行为,它的意义远远超越了狭隘的个人、群体、国家或民族利益,它关注全人类和整个自然界的命运①。

环境伦理,顾名思义,是关于人与自然之间的伦理信念、道德态度和行为规范的体系,是人与自然道德关系的体现,是人尊重自然价值和自然权利的新型伦理规范。环境伦理不同于传统伦理,也不是传统伦理在自然领域的简单拓展。传统伦理是一种人际伦理,只存在于人与人、人与群之间,是以"自我"个体为中心的伦理观。环境伦理则是基于当代环境危机的社会现实所产生的用以调节人与自然之间道德关系的当代伦理观,是一种面向行动的伦理范式。人与自然之间的道

---

① 余谋昌、雷毅、杨通进:《环境伦理学》,北京:高等教育出版社 2019 年版,第 21 页。

德关系和人与人之间的道德关系是不能简单地相互替换的,因为自然是一个具有自身内在价值的独特存在,适用于人际的伦理准则不能简单地运用于调节人与自然的关系。首先,环境伦理秉持人与自然和谐共生的价值认知,承认自然本身具有内在价值和自然权利,否定人类依据人类中心主义价值观主导行为的方式,认为人与自然具有同等的道德地位。其次,环境伦理依据现代科学揭示人与自然相互作用的规律,它是反思现代工业文明弊端而产生的一种现代伦理观,对现代工业社会的物质主义、享乐主义、效率主义持批判态度,倡导"绿色生活方式",以提高人的生活质量为宗旨,反对工业社会对经济无限增长的欲求。最后,环境伦理要求建立一种符合环境保护原则的公平分配方式,主张多元化的治理结构和以基层自治为主要形式的政治结构和制度规范,以更直接的民主形式推进人与自然亲密接触、建立道德联系。

第二节　环境伦理的理论基础

西方关于环境伦理较为系统的理论是在反思近代以来出现的环境危机的基础上产生的,经历了由功利主义到平等主义与自我实现的演变过程,环境伦理的道德关怀范围得到广泛扩展。我国从古至今一直关注着人与自然的关系,为环境伦理理论的形成与发展奠定了重要的理论基础。马克思主义生态思想与我国绿色发展实践的本土化结合,进一步凸显了环境伦理的实践价值与意义。

一、西方环境伦理理论:功利主义到平等主义与自我实现的演变

西方环境伦理理论在人类中心主义与非人类中心主义争论的基

础上,产生了众多理论流派,其中较有代表性的有动物解放论、动物权利论、生物中心主义与生态中心主义等。

　　动物解放论是对物种歧视主义的反驳,代表人物辛格是一名功利主义者。功利主义从人的感受出发,将人所能够感受到的快乐与痛苦作为道德判断的依据,认为感受快乐与痛苦并不仅仅是人类的能力,动物同样具备这样的感知,因此,应将道德关怀的范围扩展到动物群体,"人的行为上的善恶不仅仅表现在是否给人带来快乐和痛苦,而且也表现在是否给动物带来快乐和痛苦"①。但是,动物解放论者所持有的"将快乐与痛苦作为道德判断的依据"的论点遭到了质疑:快乐与痛苦并不真正等同于善与恶,给动物带来痛苦并不一定是不道德的行为,弱肉强食本就是自然法则,是生态平衡得以维持的重要因素。因此,环境伦理认为,人应该尽量减少给动物带去不必要的痛苦。动物解放论为克服物种歧视主义(依据某个个体是否是某个群体的一员来决定是否给予其平等的道德地位)提出了一种作为"种际正义原则"的二维平等主义,认为在两个物种的利益发生冲突时,以下情况在道德上是被允许的:第一,如果物种一没有物种二所拥有的那种复杂心理,那么牺牲物种一的利益以满足物种二的类似利益;第二,如果物种一没有物种二所拥有的那种复杂心理,那么牺牲物种一的基本利益以满足物种二的重要利益;第三,如果二者的心理复杂程度相同,那么牺牲一方的边缘利益以满足另一方的更基本的利益。② 动物解放论要求给予动物以平等的道德关怀,但是并不主张给予所有动物以相同的待遇,因为不同的动物具备不同的心理复杂程度,因此要区别对待。

　　动物权利论的基本观点是"动物拥有权利",代表人物雷根认为建

---

　　① 李培超、周俊武:《西方环境伦理思潮的理论渊源》,载《湖南师范大学社会科学学报》2002 年第 31 卷第 6 期,第 23 页。

　　② VanDeVeer D. "Interspecific Justice", *The Environmental Ethics and Policy Book*: *Philosophy*, *Ecology*, *Economics*, Belmont: Wadsworth Publishing Company, 1994, pp. 179-192.

立在功利主义基础上的动物解放论观点是不充分的①,因为功利原则和平等原则并不能共同适用于同等尊重每一个动物的利益与最大限度地促进功利总量,二者之间存在着内在逻辑的不一致性。雷根认为动物的权利来源与人的权利来源一致,权利是天赋的,每一个生物平等地享有权利是由天赋价值决定的,这种天赋价值使动物本身具有一种不遭受不应该遭受的痛苦的道德权利,这种道德权利使得人们不应从动物为人带来多少利益的角度看待其存在,而是动物本身具备值得人们尊重的权利。但是,依据雷根的观点,成为生活主体的动物与不成为生活主体的动物之间存在模糊的界限,似乎有一些动物正处于两者之间的状态,这就很难确定权利在不同生活主体之间的差别。对于种际权利冲突与权利调节,动物权利论者从整体权利或者更大范围内个体权利的角度出发,认为为了维护整体权利可以侵害个体权利,并提出伤害少数原则和境况较差者优先原则。玛丽·沃伦(Marry Warren)认为动物拥有权利的基础不是天赋价值,而是利益,并且所有拥有感觉的动物都拥有权利,人的权利与动物的权利之间存在显著差别,人的权利范围更为广泛,且是一种较强的权利,对于如何权衡动物之间相互杀害的行为合理性问题,她认为人类应该基于理性和公正的立场,平等地关心人的某些特定行为,并对行为所关涉的各方利益给予保护。②

生物中心主义者认为动物解放论和动物权利论将道德边界扩展到人之外的视野还不够宽阔,道德应包含所有生命。保罗·沃伦·泰勒(Paul Warren Taylor)从道义论的基本观点出发,构建由尊重自然的态度、生物中心主义世界观和环境伦理规范组成的生物中心主义伦理学体系。首先,泰勒认为尊重自然的态度是环境伦理的本质,"一种行为是否正确,一种品质在道德上是否良善,取决于它们是否展现或体

---

① T. 雷根:《关于动物权利的激进的平等主义观点》,杨通进译,载《哲学译丛》1999年第4期,第23—31页。

② 余谋昌、雷毅、杨通进:《环境伦理学》,北京:高等教育出版社2019年版,第54页。

现了尊重大自然这一终极性的道德态度"①。他认为,凡是拥有自身利益的实体都拥有天赋价值,也就是说,一种生物所具备的天赋价值独立于人的判断,同时也独立于其对于其他存在物的价值。其次,泰勒认为生物中心主义世界观是人对自然持尊重态度的基础:第一,人是自然所有生命中的一员,与其他生物起源于共同的进化过程,并与其他生物拥有同等生活于地球上的资格;第二,自然是一个由相互依赖的成员组成的系统,其中任何一个生命都不能排除其他所有生命而独自生活在自然之中;第三,有机体是生命的目的中心,具有恒常的倾向,即实现有机体的生命延续;第四,人并非生来比其他生物优越,人的能力只对人类才具有某种价值,其他生物的行为同样具有价值。最后,他认为环境伦理规范是人对自然尊重态度的具体体现,包括不作恶、不干涉、忠诚、补偿正义等四条规范。罗宾·阿特菲尔德(Robin Attfield)从后果论的角度提出人类行为的道德价值取决于其行为给受到影响的生命所带来的可预见后果,如果一个行为的可预见后果是善大于恶,那么这个行为就是道德的,而道德行为的终极指向是使生命的潜能、天性、能力得到实现。

生态中心主义与前三者相比,更加关注生命共同体而非有机个体,它是一种整体主义伦理观。首先,利奥波德提出大地伦理学,主要观点为人具有对大地共同体的义务,道德关怀范围除了包含具有生命的生物之外,还应包含土壤、水等大地的组成物及大地这一整体,生命共同体的完整、稳定和美丽才是最高的善,是其各组成部分相对价值的标准。其次,罗尔斯顿提出自然价值论,他的自然价值论是一种主观主义的工具价值论,即自然的价值是由人的主观偏好和兴趣决定的,他认为价值是通过体验获得的,人的体验并不能完全反映客观事物本身,自然的价值通过人的体验和主观偏好反映出来是不具有合理性的。最后,阿恩·奈斯(Arne Naess)提出深层生态学,与浅层生

---

① Taylor P W. *Respect for Nature*: *A Theory of Environmental Ethics*, New Jersey: Princeton University Press, 1986, pp. 80.

态学的"自然作为一种资源是有价值的"观念相比,深层生态学认为"自然本身具有内在价值",他主张每一种生命形式都有生存和发展平等权利的生物圈平等主义。"纳斯指出,人类自我意识的觉醒,经历了从本能的自我(ego)到社会的自我(self),再从社会的自我到形而上的'大自我'(Self)即'生态的自我'(ecological self)的过程。这种'大自我'或曰'生态的自我',才是人类真正的自我。"①这种"自我实现"的规范强调个体与整体之间的密不可分,自我与大自然本就是一个整体,因此自我的利益也就是大自然的利益。

综上所述,西方环境伦理主要流派的核心思想,从动物解放论和动物权利论将道德关怀范围由人扩展到动物,再到生物中心主义将道德共同体的范围扩展至所有生物,最后到生态中心主义将道德关怀范围扩展到整个生态系统,包括非生物的大地和土壤等。在处理人与自然的关系时,西方环境伦理从纯粹自然的角度出发,探讨人、自然、生物之间的不平等,但忽视了产生这一不平等的根源在于人与人之间的不平等。人与人的关系是人与自然关系的基础,不能完全脱离前者仅谈后者,人的主体性不容否定,否则将陷入认识论的误区。

二、中国传统文化中的环境伦理思想:从天人合一到道法自然的伦理导向

中国古代的思想家虽然没有明确提出环境伦理的观点,但是他们在思考自然与生命、生存与发展的议题时表达出了丰富的环境伦理思想。易学中的"生生之谓易"、儒家的"天人合一"、道家的"道法自然"等思想,都深刻地探讨了人与自然之间的关系,为现代环境伦理思想奠定了坚实的理论基础。

---

① 曹明德:《从人类中心主义到生态中心主义伦理观的转变——兼论道德共同体范围的扩展》,载《中国人民大学学报》2002年第3期,第45页。

首先,"天生万物"与"天人合一"构成中国传统文化中环境伦理思想的哲学基础。《周易》是中国传统文化中的经典之作,内蕴着丰富的"天生万物"思想,探索人、生命、自然和宇宙发展变化的规律与法则,被称为"天人之学"。《周易》中写道:"有天地,然后万物生焉。"①天地孕育了万物,《周易·〈系辞〉上传》中写道,"是故《易》有太极,是生两仪,两仪生四象,四象生八卦,八卦定吉凶,吉凶生大业"②,"太极"是世界万物创生的根源。天生成万物,地滋养万物,"易"的核心是"生",即"生生之谓易",指生命连续不断的生成过程。儒家主张"天生万物"与"天人合一",荀子认为:"列星随旋,日月递炤,四时代御,阴阳大化,风雨博施,万物各得其和以生,各得其养以成,不见其事而见其功,夫是之谓神。皆知其所以成,莫知其无形,夫是之谓天。唯圣人为不求知天。"③即天的功能是使万物创生。"天人合一"是中国古代哲学的基本观点,儒家认为"天"为人之根本,并"为人之所用","天"即是自然界,是应被人类敬畏的,人的发展规律从属于自然的变化规律,"天"创造一切,因此人与"天"是合一而不可分割的。"万物并育而不相害,道并行而不相悖。小德川流,大德敦化,此天地之所以为大也!"④天地为"大德",万物为"小德",自然界本身就是"善"。

其次,"仁爱万物"与"尊重生命"构成中国传统文化中环境伦理思想的合理内核。儒家主张"仁爱",遵守"仁、义、礼、智、信"的道德行为规范,并由"爱人"扩展到"爱物"。孟子认为:"君子之于物也,爱之而弗仁;于民也,仁之而弗亲。亲亲而仁民,仁民而爱物。"⑤孟子将君子的"仁"从"亲"推广到"民",再到"物",从而把爱护自然万物置于君子的道德范畴内。孟子认为,"爱"与"仁"是不同的,人可以爱其他生命,但人对其他生命的态度不能称为"仁",这同样说明孟子的观点

① 徐子宏:《周易全译》,贵阳:贵州人民出版社1991年版,第406页。
② 宋祚胤:《周易》,长沙:岳麓书社2001年版,第339页。
③ 叶绍钧、宛志文:《荀子》,武汉:崇文书局2014年版,第57页。
④ 子思、李春尧:《中庸译注》,长沙:岳麓书社2016年版,第93页。
⑤ 孟子:《孟子》,长沙:岳麓书社2000年版,第244页。

与人类中心主义的观点不谋而合。荀子说:"圣人者,以己度者也。故以人度人,以情度情,以类度类。"①荀子认为,道德高尚的人不仅要爱其他人,还要"以类度类",关注自然界中的其他生物,将"仁爱"之情由人拓展到自然万物。董仲舒进一步将"仁爱万物""尊重生命"与人的命运联系在一起:"质于爱民,以下至于鸟兽昆虫莫不爱。不爱,奚足谓仁?"②张载在《正蒙·乾称》中说:"乾称父,坤称母。予兹藐焉,乃混然中处。故天地之塞,吾其体;天地之帅,吾其性。民,吾同胞;物,吾与也。"张载提出"民胞物与"的重要观点,认为所有的人都是天地生育出来的同胞兄弟,自然万物都是人类的朋友,"一个有崇高道德修养的人是能顺应自然本性的人,他应该周知万物,兼爱万物,使万物与人类同样得到生存和发展"③。

最后,"道法自然"与"圣王之制"构成中国传统文化中环境伦理思想的终极指向。"万物平等"是道家提出"道法自然"思想的基础,"天地不仁,以万物为刍狗;圣人不仁,以百姓为刍狗……天地之间,其犹橐籥乎?虚而不屈,动而愈出。多言数穷,不如守中"④。"天地"平等对待世间万物,圣人平等对待所有百姓。遵循自然法则,对万物无贵贱之分、一视同仁才是"守中"。"老子以'天道'论证'人道',人道包括在天道内,'天道'之内,万物自我发展(自化),因而万物是平等的。"⑤老子说:"人法地,地法天,天法道,道法自然。"⑥人遵循地的规律,地的规律效法天的规律,天的规律效法普遍规律,而普遍规律效法"道",世间万物都平等地遵循自然规律。中国传统文化中的环境伦理思想有着强劲的生命力,这意味着它不仅存在于哲学家的思想中,而且适合时宜地融入到了国家治理和社会管理中。孔子曾基于其所秉

---

① 叶绍钧、宛志文:《荀子》,武汉:崇文书局2014年版,第11页。
② 董仲舒:《春秋繁露》,济南:山东人民出版社2018年版,第79页。
③ 李祖扬、魏俊国:《略论中国传统文化中的环境伦理思想》,载《学术探索》2003年第1期,第94页。
④ 李聃:《道德经》,西安:三秦出版社2018年版,第11页。
⑤ 余谋昌、雷毅、杨通进:《环境伦理学》,北京:高等教育出版社2019年版,第103页。
⑥ 李聃:《道德经》,西安:三秦出版社2018年版,第59页。

持的环境伦理思想提出"使民以时"和"节用"两项基本的治国主张，至今仍值得后代称颂。孟子将其保护生态环境的思想与"王道"结合起来，认为即使是一国之君，也不能用密网捕鱼、砍伐幼木。荀子将合理改造自然和利用自然视为关乎国计民生的基础。他认为："圣王之制也；草木荣华滋硕之时，则斧斤不入山林，不夭其生，不绝其长也……春耕、夏耘、秋收、冬藏，四者不失时，故五谷不绝而百姓有余食也；污池渊沼川泽，谨其时禁，故鱼鳖优多而百姓有余用也；斩伐养长不失其时，故山林不童而百姓有余材也。"①

三、新时代马克思主义生态思想再解释：从实践基础上的人与自然关系到本土化的绿色发展观

马克思、恩格斯的论述包含大量以实践唯物主义为基础的生态学思想。马克思认为，人具有双重属性，即自然属性和社会属性。自然属性是指人是一种自然存在物，具有一定的受动性，而社会属性是指人具有其他生命存在物所不具备的主观能动性，并且以劳动的形式体现。马克思指出，"只有在社会中，自然界才是人自己的合乎人性的存在的基础，才是人的现实的生活要素。只有在社会中，人的自然的存在对他来说才是人的合乎人性的存在"②，可见，马克思将人的自然属性与社会属性统一于人的社会实践。同时，马克思基于自然与人、自然与社会的关系把握自然的本质，即通过人的社会实践劳动，使自然成为人的存在基础，为人提供一切所需的生产资料和生活资料。在历史发展过程中，虽然在不同阶段人们掌握了不同的改造自然的方式与手段，但是自然对人类的天然制约作用从未改变。在人类社会发展的初级阶段，人与其他动物无异地臣服于自然，受自然法则的支配。到了近现代，科学技术成为人们大力改造和破坏自然最直接的工具，人

---

① 张觉：《荀子校注》，长沙：岳麓书社 2006 年版，第 96 页。
② 马克思：《1844 年经济学哲学手稿》，北京：人民出版社 2014 年版，第 79 页。

们从中获益,物质生活资料不断丰富,同时,自然对人的天然制约以自然灾害、环境污染、物种灭绝等威胁人类生存的方式表现出来。由此,人与自然的关系已经发生了根本性改变,由"自在自为"的关系转变为基于人类能动的实践活动而产生的对象性关系,"是人的本质力量的对象化"①。正是这种对象化,使自然从自在自然逐渐演变为人化自然,自在自然先于人而存在,后经过人的实践活动,形成现在的物质感性世界,即人化自然。人通过具体的人的实践活动形成、认识、理解与自然的关系,以实现人、社会、自然的真正统一。马克思在论述人与自然关系的基础上,揭示了资本主义社会制度是环境问题产生的根本原因,马克思指出:"资本主义生产使它汇集在各大中心的城市人口越来越占优势,这样一来,它一方面聚集着社会的历史动力,另一方面又破坏着人和土地之间的物质变换,也就是使人以衣食形式消费掉的土地的组成部分不能回归土地,从而破坏土地持久肥力的永恒的自然条件。"②资本主义的社会管理制度使得人与自然关系逐渐对立,且预示了资本主义社会存在由经济危机转向生态危机的可能性,"社会化的人,联合起来的生产者,将合理地调节他们和自然之间的物质变换,把它置于他们的共同控制之下,而不让它作为一种盲目的力量来统治自己;靠消耗最小的力量,在最无愧于和最适合于他们的人类本性的条件下来进行这种物质变换"③。

我国坚持以马克思主义为指导,始终坚持和发展中国特色社会主义。生态文明制度建设作为中国特色社会主义制度建设的一项重要内容和不可分割的有机组成部分,其重要性不言而喻,党的十八大以来,以习近平同志为核心的党中央加快推进生态文明顶层设计和制度体系建设。

---

① 赵成:《马克思的生态思想及其对我国生态文明建设的启示》,载《马克思主义与现实》2009 年第 2 期,第 188 页。
② 中共中央马克思恩格斯列宁斯大林著作编译局:《马克思恩格斯文集:第 5 卷》,北京:人民出版社 2009 年版,第 579 页。
③ 中共中央马克思恩格斯列宁斯大林著作编译局:《马克思恩格斯文集:第 7 卷》,北京:人民出版社 2009 年版,第 928—929 页。

面对现代工业以及科学技术迅猛发展给人类生存环境带来的负面影响,中共中央在十六届三中全会上通过的《中共中央关于完善社会主义市场经济体制若干问题的决定》明确指出,"坚持以人为本,树立全面、协调、可持续的发展观,促进经济社会和人的全面发展"①,并提出科学发展观。习近平生态文明思想提出了一套相对完善的生态文明思想体系,形成了面向绿色发展的核心理念,是建设社会主义生态文明的科学指引和强大思想武器。党的十九大报告指出,我国社会主要矛盾已经由人民日益增长的物质文化需要同落后的社会生产之间的矛盾转化为人民日益增长的美好生活需要和不平衡不充分的发展之间的矛盾,中国特色社会主义进入新时代。全面建成富强民主文明和谐美丽的社会主义现代化强国,是我国第二个百年奋斗目标,其中,美丽中国建设是重要的组成部分。良好的生态环境是最普惠的民生福祉。党的二十大报告中提出,要以中国式现代化全面推进中华民族伟大复兴,人与自然和谐共生是中国式现代化的五个特征之一。现阶段,我国基础物质资料已经较为丰富,人民的物质需要基本得到满足,而人民对美好生活的需要不断显现,绿水青山的自然环境是人民美好生活的环境基础,并且环境问题影响进一步推进高质量发展。因此,解决环境问题不仅是满足人民日益增长的美好生活需要的前提,而且是实现平衡发展与充分发展的现实观照。当今社会,环境问题不仅是发达国家所要解决的重要课题,也是发展中国家面临的重要难题。从国家的层面来看待和解决这一难题,无疑是最为有效的方式,尤其我国正处于社会主义发展的初级阶段,应以人与自然和谐共生为基础规约人的实践活动,使人在自然的对象化过程中更加尊重自然,从国家顶层设计上化解人与自然之间的矛盾,保持人与自然、社会的和谐统一。

----

① 《中共中央关于完善社会主义市场经济体制若干问题的决定》,载中华人民共和国中央人民政府网:https://www.gov.cn/gongbao/content/2003/content_62494.htm.

第三节　环境伦理的管理哲学反思

从管理哲学的角度对环境伦理的反思主要体现在一些现实问题中。首先,在管理场域中存在贫困、人口与环境之间的矛盾关系问题,以及在此基础上衍生的资源与环境之间的矛盾问题,如何解决这样的问题是当代管理哲学面临的重大考验。其次,在管理工具,即政策、制度设计上观照环境伦理,将环境伦理纳入管理政策与管理制度,共同约束和引导人类行为实践。最后,在管理方式的选择上,由于各个国家之间存在较大差异,如何在环境全球化的背景下实现国家间的协调与合作是各个国家管理活动的重要内容。

一、管理场域的现实问题:贫困、人口与环境问题

当今世界,无论是发达国家还是发展中国家,都面临不同程度的贫富差距问题和结构性贫困问题。很多人将这类问题完全归咎于政治制度或是社会结构的不合理,其实他们都忽略了一个非常重要的现实视角,即环境。无限人口需求与有限环境承载力之间的矛盾加深了贫困程度。我们首先要接受以下前提。首先,人类的生存与发展必须具备一定的环境条件,人类生产劳动的最初投入必须来源于环境,而有限的环境承载力必然只能在一定范围内支撑人口和经济的增长。其次,经济增长是在人均产量增长的基础上实现的,人口的增长则从另一个角度限制经济的增长,也就是说,人均产量的增长必须快于人口的增长,才能保证经济增长,且人口的增长会给环境承载力造成极大压力。最后,当环境承载力到达极限时,经济增长必然受到限制,生产资源的匮乏、人类生存条件的恶化等都将成为贫困程度进一步加深的根源。"……人口激增、食物短缺、资源枯竭、生存破坏等一系列全

球性危机的出现再次有力地证明,保持最低限度的资源—人口比是一社会持续稳定发展的基础。"①

人口不断增长,人的发展需求随之增长,对有限环境资源的需求逐步增加,当人口的增长速度超过了环境的自我平衡能力时,就会产生环境问题,从而制约人与经济社会的发展。尤其是偏远、资源流动性较差且封闭性较强的地区,其人口与环境问题直接构成了进一步加深贫困程度的内在机理。"在发展中国家,这个问题包含两个子循环:其一是正循环,即发展中国家旨在消减贫困的经济行为,造成了环境退化,而环境退化日益成为激增贫困的主要因素,环境退化和贫困相互推动,形成的一种恶性的、低水平的循环;其二是基于贫困者主动创造性而形成的、控制正循环的负循环。当正负循环力量相等时形成循环均衡。"②环境退化可导致贫困。人们赖以生存的土地、森林、水、阳光、空气等环境资源,构成改善贫困的基本要素,人致力于通过经济行为开发资源以减轻贫困,但是这样做的同时会造成环境恶化,破坏人们赖以生存的基本要素,进而加深贫困,导致贫困与环境问题陷入恶性循环。打破这种恶性循环的方式,在于通过不断增加个体的创造性能力以增加个体的创造性收入,缓解资源—人口压力,在推进减贫的经济行为中纳入环境考评,使减贫工作与环境保护工作同步推进。

贫困、人口与环境问题的恶性循环给各国政府的管理活动造成了一定的压力。在发展中国家,政府在经济社会发展中发挥着越来越重要的作用,在市场缺位的情况下,政府可以及时弥补市场不足,发挥市场功能,加快市场经济体制的确立与完善,提高人均收入。但是,政府在面对贫困、人口与环境问题的恶性循环时却遭遇重大挑战。一方面,政府如果采取优化环境的政策,其受益者必然是贫困群众,那么政府收益比例将会降低,而且,优化环境的前提必然是解决贫困问题,即

---

① 马鸣萧:《环境性贫困问题研究》,载《西安电子科技大学学报(社会科学版)》2000年第10卷第1期,第28页。
② 李志平:《论发展中国家的贫困与环境循环问题》,载《经济评论》2007年第6期,第83页。

需要政府在利益分配中向贫困人口倾斜,这样就会对政府造成经济和道德的双重压力,从而使政策成本过高。另一方面,公共资源的配置需要政府、市场和传统力量三者共同参与,市场和第三方力量(即与政府和传统力量相平衡的非营利民间组织)的活跃,将对层级制政府造成较大压力。另外,若政府不对贫困和环境问题采取有力的管理措施,则会在贫困与环境问题的恶性循环中不断递增治理成本,缩短决策时间则等于不断加大管理失败的概率。最后,在公共资源的建设与配置中,难以规避"搭便车"现象,无法按照"谁使用、谁付费"的原则来减轻政府负担,成本只能由财政本就十分紧张的政府来支付。

二、管理工具的价值向度:政策、制度设计与环境问题

国家在进行整治环境问题和保护环境的政策与制度设计时,不能仅仅依据以经济利益为导向的功利主义价值观。功利主义价值观不仅不能化解人与环境之间的冲突,而且会激化人与环境之间更深层次的矛盾,因而,应赋予管理工具以伦理价值向度。政策与制度设计应以人、自然、社会的和谐统一作为前提,以保持和改善人之生存环境与生存条件为长远目标,妥善构建现代工业文明的伦理基础。环境伦理"突破传统二元对立思维方式,以整体辩证的理论品性揭示了与人的本质联系,使环境伦理与人的辩证本性互相融通,彰显对人的现实生命的关切"[1],作为现代工业文明的新型伦理观,环境伦理可被用于调节在工业化发展进程中产生的人类生存与环境恶化之间的现实矛盾,例如工业废水、废气的排放对工厂周边居民的生活和身体健康产生不利影响。一方面,经济发展与人类社会进步需要发展工业,但是另一方面,发展工业的弊端是人类生存环境的恶化,这本身就是一对矛盾。

---

① 王妍:《论环境伦理与人的辩证本性之耦合关系》,载《自然辩证法研究》2021 年第 37 卷第 4 期,第 124 页。

为化解这样的矛盾,政府须出台相关的政策与制度,用以约束人们对环境做出的不利行为,而此类约束措施又不能仅仅停留在工具层面,还需要深入到伦理规约层面。也就是说,在环境伦理的规范范畴内,政府用以调节人与环境关系的政策工具同样具有伦理价值考量,才能从根本上解决环境问题,化解环境危机,使人们摆脱因环境恶化而产生的生存困境。

我国为解决环境问题,颁布了一系列的法律法规,制定了一系列政策和制度。例如,1949年—1978年,我国的环境保护制度以技术标准和"红头文件"为主,如1956年发布《工业企业设计暂行卫生标准》,1957年发布《关于注意处理工矿企业排出有毒废水、废气问题的通知》,1960年发布《关于工业废水危害情况和加强处理利用的报告》等。1978年—2014年,我国环境保护法律建设有了重大进展,相继颁布了《中华人民共和国环境保护法》《中华人民共和国水污染防治法》《中华人民共和国大气污染防治法》《中华人民共和国草原法》《中华人民共和国森林法》等法律,并发布了一些相关的规范性文件等。虽然这些法律法规在处理环境问题上已经取得了较大的成效,但是其在更大程度上体现为一种工具性。与此同时,一些非正式制度,例如民间环境保护习惯法、地方性环境习惯法、少数民族地区环境习惯法等等,也在发挥相应的作用。这些非正式制度从不同方面弥补了正式制度之不足,形成多元化的环境保护制度体系,从人的基本生存角度出发,进一步推进正式制度与非正式制度相融合,而这种融合给政府管理带来了新的挑战。一方面,政府在制定相关政策时,需要融入价值理性视角。另一方面,政府的正式制度要与地方性约定俗成的习惯、风俗等建立衔接。

三、管理方式的差异化认同:绿色壁垒与环境问题

地球环境是一个整体,因而环境问题日益成为全球性问题。世界

各国纷纷针对各自环境问题的不同表现形式制定相关的法律法规和制度标准,并以国际公约、国际环保组织的形式形成全球化背景下应对环境问题的战略对策。国际环保组织制定制度与标准是出于解决全球性环境问题的考虑,但是这些制度与标准同时成为发展中国家进出口贸易的阻碍。发达国家以环境问题为由给来自其他国家的产品与服务设置阻碍,限制进口发展中国家的产品,造成贸易壁垒。并且一些发达国家出于保护国内市场的考量,以环境问题为借口,迫使发展中国家要么选择退出市场,要么依据发达国家"绿色产品"的高要求与高标准采用不符合本国家综合实力的高投入和高技术,这对于发展中国家来说,都是相当不利的,"发达国家从中既保护了国内的产业,又成为标准的制定者"①。同时,由于发展中国家无法承担执行发达国家制定的高标准所导致的后果,只能自行制定基于本国利益的环保标准,所以导致目前各国的绿色认证和执行体系千差万别,无法形成共识。

全球化背景下各国基于自身不同的管理方式对环境问题产生差异化认同,给全球环境治理造成严重阻碍,同时影响着各国相关环境政策的发展。解决全球性环境问题不能单纯依靠政策和制度,必然需要建立一种基于国别的道德认同。"一种普遍的环境伦理不能仅只适于个体或社会群体,还应对作为共同体的国家在解决环境问题上提供有效的伦理依据,并为不同的国家选择共同的道德立场提供适当的理论说明。道理十分清楚,这就是,在规范人的行为上,作为对法律手段的补充,道德的力量是必要的。"②环境问题不只是人与自然关系问题,更是人与人的关系、人与社会的关系在现代工业文明发展层面上的映射,因此,解决国际环境问题,还是要从人与人、人与社会的关系入手,以不同国家协作治理的方式达成一种基于道德的认同。这需要

---

① 高小玲:《绿色贸易壁垒的成因及对策》,载《经济研究导刊》2009 年第 11 期,第191 页。

② 雷毅:《环境伦理与国际公正》,载《道德与文明》2000 年第 1 期,第 25 页。

各国政府建立一种基于人道主义的公正平等机制,使各国既能够遵循国际准则又能为自己国家发展留下空间,实现各国在处理全球性环境问题上的权利平等。联合国在《里约环境与发展宣言》《21世纪议程》等文件中都提及了环境道德共识,世界自然保护联盟、联合国环境规划署和世界自然基金会为人类的可持续生存与发展提出了六条普遍的道德原则。目前,全球正在逐步形成一种以环境道德共识为基础的国际公正,"(1)环境资源所有权或享有权分配方面的公正;(2)依托于环境资源的经济利益获取和经济成本承担方面的公正;(3)为保护环境而建立的国际经济、政治制度方面的公正"①。

绿色壁垒一方面加强了人们的环保意识,人们试图通过技术创新和制度创新改善生存环境。但是另一方面,从管理哲学的角度看,绿色壁垒为各国发展带来了一定阻碍,尤其是给发展中国家的政府管理带来一定的挑战。如何维护发展中国家在国际环境保护中的平等地位,以进一步扩大发展中国家在国际社会中的发展空间,已经成为发展中国家的重要任务。

本 章 小 结

环境伦理是一种新型伦理范式,着眼于处理人与自然的关系。管理哲学视域的环境伦理不仅关注人与自然之间的关系,而且关注由环境问题引发的人与人、人与社会之间的关系。启蒙运动以后,人类自我意识开始觉醒,由对自然的绝对服从逐步转向以科学技术为手段的对自然的剥削与利益攫取,在"效率至上""工具理性"等价值观念引导下逐步走向与自然的对立。管理哲学视域的环境伦理,在调和人与自然关系的同时,试图解决人与人、人与社会关系中因占有环境资源

---

① 雷毅:《环境伦理与国际公正》,载《道德与文明》2000年第1期,第27页。

或环境利益引发的冲突与矛盾,融合与超越人类中心主义与非人类中心主义的价值认知,整合人的利益尺度与自然的利益尺度,关注由环境问题引发的关于贫困与人口、政策与制度设计,以及绿色壁垒等方面的问题,在争论与整合、反思与批判、阐释与判断等基础上融合现代管理视角对上述问题进行深入的理论剖析。

第二章　管理现实向度的环境正义问题

环境正义不是虚拟的,也不在一般意义上探讨自然与人的关系。环境正义以人类生活的现实世界为基本对象理解自然,即理解不同地区、人群在不同的政治、经济、文化行为下产生的自然。环境正义是管理现实层面的道德实践,构成环境伦理的重要内容,从环境分配正义、环境承认正义、环境参与正义与环境能力正义四个维度将管理与环境问题紧密结合,呈现环境正义不同维度的现实境况及其所面临的管理困境。环境正义,无论是将其定义为一种新的正义观,还是将其认定为环境伦理的回归,其所关涉的核心内容始终是现实情境下基于环境问题所产生的差异、矛盾、冲突与不平等。

第一节　环境正义理论框架的四重维度

环境正义,可以从广义和狭义两个层面来理解。广义的环境正义是指人类与自然之间实施正义的可能性。狭义的环境正义包含两方面内容:"一是指所有主体都应拥有平等享用环境资源、清洁环境而不遭受资源限制和不利环境伤害的权利,二是指享用环境权利与承担环境保护义务的统一性,即环境利益上的社会公正。"①基于此,环境正义的实现离不开管理,管理价值也必然通过环境正义呈现。

---

① 曾建平:《环境正义——发展中国家环境伦理问题探究》,济南:山东人民出版社2007年版,第9页。

一、环境分配正义维度:资本逻辑下的管理价值认同

环境分配正义是指在不同人群中公平分配环境善物与环境恶物。约翰·罗尔斯(John Rawls)提出公平正义说,用以在环境伦理中解释不同人群对环境产物的占有,他认为任何人都具有平等分配环境产物(包括善物与恶物)的权利。环境分配正义承认环境权利平等,环境权利平等是指环境中所有存在物具备存在权利的平等以及权利的分配平等。"每一个人对于一种平等的基本自由之完全适当体制(scheme)都拥有相同的不可剥夺的权利,而这种体制与适于所有人的同样自由体制是相容的。"①环境正义将人与自然的二维关系扩展为"自然-社会-群体"的三维关系,这一转变涉及"权利-责任"与"分配-公正"的相关问题,即将环境问题与社会问题紧密相连。

马克思、恩格斯对早期资本主义进行过严厉的批判,其中不乏对环境问题的阐述。这些阐述集中于微观层面,即工人的工作场所、生活场所与工作生活条件。"在他们眼中,造成这一切苦难的根源不是别的,正是资本主义制度。因为它一手制造出了贫与富两极严重对立分化的世界,并将工人阶级置于非人的境地。"②在马克思和恩格斯看来,环境善物必然被资本家所独占,而环境恶物被无情地强行施加给工人阶层,"在'不增长,就死亡'的资本逻辑铁律的宰制之下,工人已完全沦为了使资本不断增殖的机器③,相比于资本积累给资本家们带来的巨大经济利益,工人们日益恶劣的生存环境更令人担忧。在资本逻辑的驱使下,环境分配不正义的问题凸显,资本家与工人之间存

---

① 罗尔斯:《作为公平的正义——正义新论》,姚大志译,上海:上海三联书店2002年版,第70页。
② 王云霞:《马克思恩格斯对资本主义的"环境正义"批判及其中国意义》,载《安徽师范大学学报(人文社会科学版)》2021年第49卷第2期,第51页。
③ 王云霞:《马克思恩格斯对资本主义的"环境正义"批判及其中国意义》,载《安徽师范大学学报(人文社会科学版)》2021年第49卷第2期,第51页。

在管理价值认同不一致的问题。美国"第一次全国有色人种环境领导高峰会"提出环境正义的 17 项基本原则,原则不仅表达了人们急切保护自然环境的态度,而且更加关注"环境分配不正义"的现实,即强势群体对弱势群体在环境分配上的剥夺与占有。环境分配正义要求所有人平等且公正地享有自然赋予的基本资源,并且要求不能将因经济活动或其他社会行为产生的环境恶物强加给弱势群体。美国环境正义倡导者就曾从现实角度揭示环境分配不正义的现象,比如有色人种、贫困群体所居住的地区往往成为废物处理厂的选址,这在很大程度上损害了这些弱势群体的利益,"保障弱势群体和贫困群体拥有平等的享受基本资源的权益,不应因一些人的过度享受而去毁坏另一些人的生存根基,也不应因当代人的富裕而把后代人推向生态的赤贫"①。他们不但享受不到环境善物,反而成为环境恶物的直接承担者。

国家间的环境分配正义问题同样很突出。一些发达国家在经济发展的过程中,将某些发展的代价,如环境破坏和环境污染等,转嫁到发展中国家。这种在国家层面上将环境恶物转嫁的行为虽然在道德上遭到谴责,但在现实层面,一方面发达国家达到了经济发展的目的,获得了经济效益,另一方面,发展中国家由于接受发达国家在本国开办企业和工厂,所以在一定程度上缓解了本国的就业压力,解决了大批人的"吃饭"问题。由此可见,国家间环境分配不公还存在一个客观事实,即发展中国家为了基本生存而不得不选择破坏环境,发达国家利用了发展中国家的现状,趁机转嫁环境恶物。如何消除这种被资本逻辑所支配的环境分配不正义成为各国在管理层面达成价值共识的关键,只有国家之间达成"价值共享、相互尊重、普遍义务、彼此关心和团结互助"②的价值共识,才能真正实现全球环境分配正义,使每一个

① 何建华:《环境伦理视阈中的分配正义原则》,载《道德与文明》2010 年第 2 期,第 111 页。
② 杨通进:《全球环境正义及其可能性》,载《天津社会科学》2008 年第 5 期,第 25 页。

环境成员与环境之间保持和谐共生的关系。

二、环境承认正义维度:共同体间的管理责任承担

承认正义是在分配正义的基础上扩展而来的。长期的管理实践证明,分配正义并不能完全实现正义,当某些群体得不到社会的普遍认同时,他们就会被排除在分配正义之外。承认正义是指"对群体身份及其差异的一种肯定"①。黑格尔的承认学说认为,人必然被承认,同样也必然承认他人,这种必然性是人本身所固有的。承认是人生命尊严和价值的一种体现,如果没有给予他人以应有的承认,就是对他人生命尊严和价值的贬低,就会产生不正义。黑格尔从自我意识的普遍性角度考察正义,认为正义是自我与另一个自我之间的相互承认;阿克塞尔·霍耐特(Axel Honneth)从经验的层面提出"承认"可以完全解释和表达社会冲突中的道德动机;查尔斯·泰勒(Charles Taylor)基于承认与认同的关系,认为个体的认同部分地来源于他人的承认。因此,承认正义实际体现了个人与他人、个人与社会(即共同体)之间的联系,"环境正义运动的参与者往往在他们对共同体认同的捍卫和他们对承认正义的诉求之间建立直接的联系"②。这种建立在环境承认正义基础之上的共同体联系,能够有效解释共同体间由管理活动构成的相应责任的承担情况。

1982 年美国北卡罗来纳州政府决定在沃伦县填埋处理有毒土壤的案例③,除说明环境恶物的不公正分配之外,还说明了当时美国对有色人种和低收入群体的不承认。当地管理者的做法不仅对这些群体造成了严重伤害,而且破坏了共同体间的联系。这使人们将该事件的

---

① Holifield D. "Environmental Justice as Recognition and Participation in Risk Assessment: Negotiating and Translating Health Risk at a Superfund Site in Indian Country", *Annals of the Association of American Geographers*, vol. 102(3), 2012, pp. 591-613.

② 王韬洋:《环境正义:从分配到承认》,载《思想与文化》2015 年第 1 期,第 120 页。

③ 沃伦县的居民大多是非裔美国人和低收入白人,州政府修建掩埋场主要用于掩埋从其他地区运送来的有毒土壤,这引起了当地居民的强烈不满。

影响从环境、健康等领域扩展到由于缺乏承认正义而导致某些群体"被殖民化"的管理道德领域，而实现这一扩展的关键在于管理者是否承担环境问题引发的管理责任。罗伯特·布拉德（Robert Bullard）认为，"环境正义运动中有色人种的成员和他们的代表所关注的焦点，反映了他们在社会、经济和政治上被剥夺权利的生活经验"①，而他们被剥夺的权利正在以共同体间责任推卸与转嫁的形式存在于环境保护运动中。一方面，弱势群体为保护其环境与文化而不得不与强势群体或部分管理者做斗争；另一方面，管理活动的强制性与控制性导致弱势群体无法表达其所应被承认的权利而陷入不公平地承担环境恶物的无限循环中，这导致管理者的权威在道德领域遭遇质疑并引发社会关于管理责任如何承担等共同话题的思考。

"作为对群体身份及其差异的一种肯定，承认正义暗含了一种基于个体尊重的平等政治。"②政治中的平等，一般表现为主体身份、权利、地位的平等，由此引申出义务、责任的平等。共同体基于环境承认正义，共同分担环境善物与环境恶物，共同承担因环境问题而产生的责任与义务。在关涉个体与群体基本生存的问题上，管理责任需要在主体共同承认的范畴内得到落实，这样才能形成真正有效的管理，才能使环境问题在有效管理的作用下得到合理的解决与处理。管理者不能强制弱势群体承担环境破坏的后果，更不能对弱势群体有偏见。环境破坏的后果不只在于人类健康受到威胁，更在于存在部分人类文化传承消失的可能：一些人长久以来赖以生存的自然环境的改变，破坏了他们生活的自然习惯，打破了传统的生产方式，造成自然知识体系的部分断裂，破坏了共同体间文化的多样性。这对于生活在其中的群体来说是沉重的打击。

---

① Bullard R. *Confronting Environmental Racism*: *Voices from the Grassroots*, Boston: South End Press, 1993, pp. 7–8.

② 王云霞:《马克思恩格斯对资本主义的"环境正义"批判及其中国意义》,载《安徽师范大学学报（人文社会科学版）》2021 年第 49 卷第 2 期,第 52 页。

三、环境参与正义维度：程序正义下的管理政策制定

环境参与正义是指公众能广泛参与环境相关政策的制定过程，尤其是那些直接受到相关环境政策影响的群体。目前，公众参与缺失已经成为环境不正义的重要原因。公众不能普遍参与环境政策制定过程，不能通过有效的途径或渠道表达自己的观点与心声，导致环境政策的直接受众对政策的看法被排除在管理活动之外。在此情况下由所谓的专家制定出来的决策并不一定完全符合公众的需要，由此造成的决策偏差，破坏了公众应享有的权益，造成环境不正义现象。"公共环境政策牵扯到各方面的利益，需要的不仅仅是严格意义上的行政权力和专业科学知识，一切重大的环境决策，都需要道德和价值判断，而且在环境政策制定的过程中，需要对各方面不同目的之间的冲突进行平衡，而这种平衡不是靠行政权力和专业知识所能解决的，需要利害相关公众的参与。"①管理政策需要在程序正义的框架内融入环境参与正义维度，并以民主价值为原则，以公众意见为依据，保证相关利害人的合法环境权益，确保管理政策制定的正确性与合法性。

在管理政策面前，弱势群体往往丧失选择权。"既然谁都不想要有害场所，而工业总是沿着阻力最小的方向流动，因此，政治影响力最小的社区就成为了安置这类设施（垃圾填埋场——引者注）的目标。当地居民经常意识不到政策对他们的影响……"②一方面，参与正义的实现需要一系列的管理制度，以保障公众合理参与管理政策的制定程序，保障公众利益诉求能够得到有效表达与倾听，保障公众合法权益能够被决策者所尊重并纳入决策制定考量，这需要搭建程序正义的

---

① 马奔：《环境正义与公众参与——协商民主理论的观点》，载《山东社会科学》2006年第10期，第133页。

② 转引自胡中华：《环境正义视域下的公众参与》，载《华中科技大学学报（社会科学版）》2011年第25卷第4期，第66页。

框架。另一方面,环境问题的有效治理同样离不开公众参与。在全球性环境问题日益突出的今天,环境治理已成为各国重要的发展议题,而且该议题需要多元主体共同参与,不能仅仅依靠政府单方面的行动。政府单一主体的治理效能越来越有限,必须吸纳和调动公众共同参与环境治理。环境问题相较于其他公共问题而言,更加与公众的日常生活息息相关,且涉及广大公众的生命、健康等最基本权利。往往在这些最基本的权利面前,公众最有发言权,并且能够依据自身生活经验提出更加可行的意见和建议,以进一步完善管理政策的制定,使环境决策利益惠及所有人。

目前,随着环境问题的凸显以及某些管理政策与地方环境保护意识冲突等问题的出现,广大公众的环境保护意识越来越强,参与管理政策制定的愿望也越来越强烈。当程序正义能够保证有相应利益诉求的公众及时参与到环境决策制定中时,环境正义的实现就得到了保障。"现今,人们更多地通过参与制定政策和表达诉求而自觉加入到环境保护和社会发展的行列中,公众参与环境保护已经逐渐成为推动和促进环境可持续发展中不可或缺的重要力量。"①随着环境正义观念深入人心,缺乏环境参与正义的环境决策在执行过程中往往遭遇抵制,并且这种缺乏公众参与的环境决策模式正在遭到更为广泛的公众质疑。公众参与程序正义的实现需要协商民主的公众参与方式,即在信息公开透明的条件下,依照规范的程序,自由而平等地对涉及的环境问题进行公开讨论,从而通过公共的民主协商赋予管理政策以合法性,为公众直接参与管理政策的制定提供支持,"不断的民主对话有助于对环境价值多元性的认识,可以在参与者之间产生更多的支持、正当性与信任"②。环境参与正义的实现,得益于协商民主的管理制度和程序正义,使环境相关政策的制定更加符合广大公众的价值诉求。

---

① 卓光俊、杨天红:《环境公众参与制度的正当性及制度价值分析》,载《吉林大学社会科学学报》2011年第51卷第4期,第146页。

② 马奔:《环境正义与公众参与——协商民主论的观点》,载《山东社会科学》2006年第10期,第134页。

四、环境能力正义维度:发挥生命潜能,获得管理机会

能力正义是在分配正义的基础上发展出来的又一正义维度。阿玛蒂亚·森(Amartya Sen)和玛莎·努斯鲍姆(Martha Nussbaum)从人的功能性实现角度批判了罗尔斯分配正义理论。森认为,与人们是否能够公平分配到商品相比,这些商品能否提高人们的生活潜能更为重要,一个正义的社会要考察的问题是人们是否通过分配获得了可行生活的能力。在森看来,简单的人口增长并不能代表人类繁荣,人类繁荣应与人类生命质量直接相关,生命质量由人所具有的功能行使的能力决定。能力正义"专注于联合各种功能行使的机会……和人们是否自由地使用这些机会。一种能力反映的是一种功能行使组合的可选择方案,从其中人们可以选择一种组合"①。功能行使的能力指人们能够自由地选择将何物视作善物,并且对其优先性具有选择权。因此,森将人类繁荣的实现归结于人类功能行使的能力以及主动选择的能力和机会,这就不可避免地指向了政治管理领域,而这一领域正无可避免地面对不同国家和地区经济发展不平衡导致的环境福利问题。人类繁荣离不开环境的支撑,因此,人的功能行使与自由选择的机会均需要建立在环境友好与可持续环境发展的前提之下。努斯鲍姆从更加微观的层面考察了能力正义。努斯鲍姆认为人的核心能力包括生存能力,维持身体健康的能力,保持身体完整的能力,感觉、想象和思考的能力,情感能力,实践理性能力,与他人联盟或形成友好关系的能力,与其他物种保持良好关系的能力,享乐的能力,控制个人环境的能力等。努斯鲍姆反对功利主义,认为能力正义可以在一定程度上超越功利主义,从而实现个体层面上的人与动物的共同繁荣,并且基于

---

① Sen A. "Human Rights and Capabilities", *Journal of Human Development*, vol. 6(2), 2005, pp. 151–166.

此,在管理范式下使人获得更多自由选择的机会。在森和努斯鲍姆看来,能力是人在一定的管理环境下,选择自身行为的自由以及管理机会的获得,这种机会的获得需要人们具备实现各种可能的功能性活动的自由。

能力正义基于功能概念探讨人与自然共同繁荣的问题,人类社会的繁荣与自然的繁荣交织在一起,彼此促进与成就,人类不仅要保证自身功能性活动自由的实现和机会的获得,而且要尽可能保证自然环境整体的功能实现和机会获得,其中包括自然界中除人类以外的所有其他物种。能力正义在不同主体间的资源分配与共同繁荣之间架起了一座桥梁,通过管理活动,不仅可以使人们享有公平的资源分配的权利,而且可以在公平的社会基本制度建设基础上赋予人们能够不断实现其各种可能的功能性活动的能力,这些能力在促进个体繁荣的同时推动自然(包括生态系统)的整体繁荣,这种自然的整体繁荣就是环境正义的最终目的。因此,能力正义维度不可或缺,它是实现环境正义的重要内容,且能力正义的实现离不开管理活动。

第二节　管理现实向度与环境正义之主体差异

环境正义是环境伦理的道德实践面向,其所探讨的主体——人与自然,是"具体化的人与自然",而不仅仅是环境伦理范畴内"一般化的人与自然"。"那么,环境伦理是该从虚拟的'人类'出发,还是应从现实中不同的利益主体出发来探讨人与自然的关系问题呢?"[①]显然,人们意识到,仅仅从一般意义上去探讨人与自然的关系,并不能切实解决目前人类所面对的各种环境危机,只有将环境正义与国家治理及社会正义等衔接与融合起来,才能真正解决问题、化解环境危机。

---

① 王韬洋:《有差异的主体与不一样的环境"想象"——"环境正义"视角中的环境伦理命题分析》,载《哲学研究》2003 年第 3 期,第 29 页。

一、环境伦理与环境正义:管理现实层面面向行动的道德实践

环境正义从现实的角度为我们理解环境问题并进行环境伦理研究提供了一个重要的阐释视角,可以说,环境正义是环境伦理的重要内容之一,"而'环境正义'所代表的现实倾向,从某种程度上也为当代环境伦理的发展指明了方向"①。环境正义在环境伦理强调种际正义与代际正义的大框架下,更为具体地阐释环境善物与环境恶物在一定的管理条件之下所产生的不正义现象,在环境伦理关注全人类共同面临的全球性环境问题时具体地考量处于不同经济和文化背景下的群体所面临的不同环境问题,在环境伦理关注于一般意义上的"大自然"与人类的"大自我"的同时,环境正义更注重具体的人与其所处的具体的环境。② 总的来说,环境正义在更为具体的层面上探讨环境伦理。并且,环境正义的评价体系不仅仅局限于西方主流价值观,它更加具有包容性,能够有效吸纳不同思想对环境问题的评判与解释。一方面,环境正义的提出丰富了环境伦理的内涵,为环境伦理的实践提供更多的可行方案,在更为具体的层面上分析和解决环境问题。另一方面,环境正义的出现也为环境伦理提出了新的问题,成为环境伦理进一步发展的突破口。"所以说,'环境正义'问题的凸现也为环境伦理学的发展提供了新的要求或契机。"③这些新的问题主要表现在实践和理论两个层面。从实践的层面看,环境正义要使环境伦理回归现实生活世界,要使其真正落地并解决人与自然之间的矛盾。解决实际问题不能仅仅从抽象层面探讨人与自然的关系,还必须从管理现实层

---

① 李培超:《中国环境伦理学的十大热点问题》,载《伦理学研究》2011年第6期,第86页。

② 王韬洋:《有差异的主体与不一样的环境"想象"——"环境正义"视角中的环境伦理命题分析》,载《哲学研究》2003年第3期,第27-34页。

③ 李培超:《环境伦理学的正义向度》,载《道德与文明》2005年第5期,第21页。

面分析矛盾产生的深层社会根源并提出有针对性的价值引导。从理论的层面看,环境正义还没有形成完整的理论体系,不能完全照搬自由主义正义观和社群主义正义观来解决环境不正义的问题,而是要在其基础上发展出真正以解决环境问题为核心,以解决环境善物与环境恶物公平分配问题为最终目的的理论。

环境正义从管理现实层面出发,考察具体的在不同管理条件下产生的环境问题,是面向具体行动的道德实践。环境正义旨在在具体的现实情境下探讨环境问题。首先,环境正义表明人与自然不是抽象的、孤立的存在,人与自然的关系与各种社会问题相互交织,"那么无视人的社会关系、生存境遇和文化传统来探讨人与自然的和谐的环境伦理学则更失之于虚妄。因为伦理学是理论的,更是实践的,仅仅满足于理论上的自圆其说的道德理论充其量只是形式的而非实质的伦理学。人与自然的关系总是非常具体,离开了人的现实生活来探讨人与自然的关系只能陷入一种理论上的抽象"①。其次,环境正义试图平衡各方的环境利益,环境正义不以西方主流价值观和世界观评判环境问题,对不同国家的价值观持包容态度,尤其是发展中国家或者是弱势群体的。最后,环境正义突破了环境伦理的浪漫主义色彩,实践性指向更为明确。环境正义认为不存在面向所有人的环境问题,具体行动导致的结果,对一些群体来说是环境问题,对另外一些群体来说则不是。因此,环境伦理所观照的全球性环境问题只是一般性的表象,而现实中的环境问题往往是非常具体的,是针对特定群体、特定区域、特定经济发展情况与管理方式的关于环境善物或环境恶物的公平分配问题,这种公平分配往往取决于特定群体对环境的索取是基于其基本生存需要还是经济发展需要。

---

① 李培超:《环境伦理学的正义向度》,载《道德与文明》2005 年第 5 期,第 20 页。

二、环境正义的主体差异:管理现实层面具象化的人与自然

环境伦理经常使用"人类""我们"这样的全称名词,并将人类作为一个不可分割的整体,但是在现实的环境问题中,作为整体的人类并不能成为其探讨的对象。环境正义与其不同,环境正义的主体——人,基于不同的价值需求具有不同的价值立场。同样,被作为主体的人对象化的客体——自然,具有一定的特定性,即环境正义中的"人"与"自然"指特定的人群与特定的自然环境条件。"从现实上来看,环境伦理单纯地强调了保护生态自然,忽视了人类社会的差别性影响。"①因此,人与自然的关系也不是广泛意义上的一般性关系,而是具体的人与具体的自然环境的特定关系。"'环境正义'认为,环境伦理所强调的环境危机后果的普遍性在现实生活中并不总是正确的。"②在现实生活中,破坏环境的人往往并不承担环境恶化的后果,通常表现为资本逻辑主导下强势群体对弱势群体的压迫。例如某企业家建造有污染排放的工厂,长期生活在工厂附近的居民就成为直接承担这一环境恶化后果的群体,而该企业家不仅从中获得经济利益,而且无须承担环境恶化后果。国家之间也同样如此,一些发达国家将有毒废弃垃圾转移到发展中国家,或者利用发展中国家劳动力低廉的特点,将具有污染排放性质的企业或工厂建在发展中国家,发达国家并不承担环境恶化的后果。这种环境恶化后果的转嫁在当代社会仍然在不断上演。

环境正义认为,人们利用自然或改造自然有两种目的,其一是基于基本生存需要的生存目的,其二是基于欲望需要的财富目的。这两

---

① 杜鹏:《环境正义:环境伦理的回归》,载《自然辩证法研究》2007 年第 23 卷第 6 期,第 5 页。
② 王韬洋:《有差异的主体与不一样的环境"想象"——"环境正义"视角中的环境伦理命题分析》,载《哲学研究》2003 年第 3 期,第 28 页。

种目的对应人的不同行为模式,因此,人对环境利用的态度也是截然不同的。基于生存目的的人,往往倾向于保护环境,以使环境能够可持续性地满足群体的生存需要。而基于财富目的的人往往想方设法从环境中攫取利益,不顾环境恶化的后果,这就是由主体差异所导致的行为差异与行为后果差异。此外,西方环境伦理所秉持的环境"共同利益"的观点,在一定程度上成为发达国家拒绝对发展中国家进行环境补偿的借口,"这从根本上掩盖了环境保护问题上权利和义务的不公平,必然导致环境殖民主义和环境霸权主义盛行,环境保护有可能沦为一种不公正的暴行"①。环境正义究其根本在于主体间权利与义务的对等关系,主体在取得环境权利的同时,也要尽到环境保护的义务,各主体应做到环境权利与义务的公平分配。

依据主体差异和自然环境差异,可以将环境正义分为以下几种类型。首先,从人的类属性看,环境正义表现为种际正义,例如美国白人与有色人种的环境正义。其次,从人的群属性看,环境正义表现为群际正义,包括发展中国家与发达国家之间的国际正义、后发民族与先发民族之间的族际正义、落后地区与发达地区之间的域际正义、弱势群体与强势群体之间的群际正义,以及当代人与后代人之间的代际正义等。最后,从人的个体属性看,环境正义表现为个体间环境正义,即不同个体的需要和价值选择导致个体对环境占有、利用、改造的行为与结果的不同。

环境正义并不是对目前全球性环境问题的否定。环境问题越来越具有总体性和全球性的特点,环境正义理论主张依据差别原则进行环境治理,即谁占有的环境资源越多、享受的环境效益越多,谁就应该承担更多的环境保护义务。同时,必须在管理层面坚决贯彻"谁破坏谁治理"的原则。环境问题对人类的影响既是普遍的,又是个别的,要辩证地看待这一问题。

---

① 张登巧:《环境正义——一种新的正义观》,载《吉首大学学报(社会科学版)》2006年第4期,第42页。

三、环境正义的实践面向：管理现实层面深层次的社会根源

环境正义的实践面向是其根本旨趣，但在实践过程中却遭遇了困境，表现为管理现实层面存在的深层次的社会根源，这些社会根源既是存在环境不正义现象的原因，又是环境正义实践推动的阻碍，既有经济方面的因素，又有政治和文化方面的因素。"环境正义将环境伦理学的视域从对人与自然关系的关怀逐渐拓展至对人类内部因自然环境而导致的群体分化与差异的关怀"①，环境正义与社会正义紧密相关，在一定程度上，环境正义是社会正义的一种反映。

首先是经济发展不平衡对环境正义的影响。经济因素往往是影响环境正义的重要因素，无论是在国家之间还是地区之间，经济发展不平衡所导致的环境不正义现象不断凸显。财富在经济发达地区累积，与此同时，风险却在经济欠发达的地区累积。造成这种现象的主要原因有以下几点：其一，经济发达的国家和地区凭借较高的财富水平掌握着较多的环境资源，占据生产价值链的顶端，对其他国家和地区的环境资源提取高附加值，是环境善物的占有者，而经济欠发达的国家和地区处于生产价值链的底端，生产的产品具有高环境资源成本和低附加值的特点，在大量使用了环境资源的同时，还要负担在生产过程中产生的环境废弃物；其二，经济发达的国家和地区往往将作为经济行为外部成本的环境成本以各种方式转嫁给经济欠发达的国家和地区，根据"最低成本"和"最小抵抗"原则，其转嫁的对象往往是经济贫困地区或弱势群体生活的地区，这些地区不仅劳动力和土地成本低廉，而且环境污染的边际成本也较低（低污染与低收入）；其三，经济发达的国家和地区为避免因经济发展过快而可能引发的环境问题，能

① 王芳、毛渲：《特殊的主体与普遍的诉求：环境正义的多维张力与进路》，载《理论导刊》2021年第3期，第91页。

够主动降低经济发展速度,而经济欠发达的国家和地区为追求经济的快速发展,则会接受大量的发达国家和地区转嫁过来的具有污染性质的企业或工厂。

其次是权力结构复杂性对环境正义的影响。环境资源作为一种公共物品,必然受到管理政策的影响。由复杂权力关系所导致的权力结构失衡,使得一些群体处于权力结构的边缘,一定程度上影响着这些群体平等地享有环境资源。处于权力结构中心的群体,在环境资源的获取上往往占据优势。例如,在国际事务中,不合理的权力结构使得一些发达国家占据优势,而一些发展中国家往往被边缘化,甚至被忽视,在权力结构中没有话语权。全球气候变暖、臭氧层破坏、物种灭绝等与发达国家利益相关的环境议题往往更受关注,而与发展中国家息息相关的环境问题却往往被忽视。在这种权力结构下,发展中国家始终处于弱权地位,在与发达国家共同面对的环境问题中越来越缺少话语权,最终完全成为环境恶物的直接承担者。

最后是信息资源不对称与表达渠道不畅通对环境正义的影响。信息资源不对称导致不同个体的行为和对环境问题的认识能力有所不同。一方面,企业环境信息公开不足。一些企业为了谋取利益而无视环境污染问题,导致环境污染的受害者在不知情的状况下已身处环境污染之中,其身体健康受到严重损害。另一方面,由于不同的个体受教育程度不同,其对环境问题的理解和认知千差万别。例如,城乡居民受教育水平存在较大差异,因此,他们在环境风险的应对和规避方面存在主体差异。除对环境问题具备一定的认识能力外,主体还应有自下而上的表达渠道,以保证主体能够及时表达自身利益诉求,参与环境决策过程。弱势群体在表达诉求时,往往需要借助政府和媒体的力量,政府表达渠道往往是弱势群体自身利益诉求的重要途径。

第三节　环境正义的管理困境

从哲学的角度看,可以从义务论和结果论两个方面来解释正义的原则。义务论旨在说明行为本身的正当性,而不考虑行为的结果如何。结果论则强调行为结果的正当性,往往忽视程序是否公正。义务论和结果论都具有片面性的特征,二者分别从分配性与程序性两个角度论证正义原则的正当性。基于此,从环境正义的分配性原则与程序性原则出发,其所体现的管理困境具体表现为个体间基于劳动场域中的分工不同所产生的关于环境占有的矛盾、群体间在生活场域中基于环境问题产生的邻避冲突、区域间因城乡环境利益分配失衡而产生的问题。

一、个体间的环境占有矛盾

马克思认为,劳动是人的本质。人在劳动中创造价值,获得生活所需,劳动是人存在的基本方式。劳动的本质是人对自然进行改造和利用的过程,即主体的对象化过程,因此,劳动是人与人、人与自然之间的纽带。由于不同个体的劳动方式、劳动内容和劳动范围均有所不同,其在劳动过程中对自身所处自然环境的认知存在差异,因此个体间存在环境不正义现象,即个体对环境善物与环境恶物的占有存在不公。其一,环境不正义存在于管理者与被管理者之间。在管理活动中,管理者往往占据环境善物,而将环境恶物强加给被管理者,主要体现在资本家与工人之间。资本家占有改造自然后所得的一切环境利益,而工人不仅对其劳动产物没有占有权,甚至连基本的工作和生活环境也不能得到保障,是环境问题的直接承担者与受害者。一般管理者与工人之间同样存在类似矛盾,这由劳动场域中主体的不同分工决定。管理者无须身处环境恶劣的劳动场域,他们往往只需坐在办公室里制定一些制度条款。其二,环境不正义存在于不同的被管理者之间。有些工人的劳动场域本身就是无污染的,其所从事的工作也是与环境污染无关的工作,但是有些工人所处的劳动场域具有较强的环境污染性,例如化工厂、肥料厂等,其生产过程中产生的粉尘、气味和光线等在某种程度上损害工人的身体健康,处于同一劳动场域的不同生产环节的工人一般会面对不同类型的环境污染。同一产品可能在生产前端并无污染,在生产后端可能通过身体接触对工人的身体健康造成损害。管理者往往在知晓此类情况时选择向工人隐瞒真相,工人自身又很难真正认清环境污染问题,这就导致环境不正义现象越来越普遍,其后果越来越严重。

在马克思看来,这些问题都是可以在人类社会发展进程中解决的。"……在人类社会发展的历史过程中奔涌着一条世界性的洪流,那就是由狭窄的民族历史向广阔的世界历史的转变,这个转变的过程是人类不断地打破地域的限制和克服各种局限而获得完全解放的过程,是人类自身不断完善、不断拓展生存空间,使世界各民族相互依存并走向统一的过程。"①随着人类自身的不断发展与进步,随着人类对所处自然环境认知的不断加深,被管理者对于一些由管理者强加的环境恶物能够明确地分辨,并通过与管理者的谈判和对抗提出符合自身利益的诉求。每个个体都有选择劳动和生存方式的自由和权利,任何人不能强制干涉。解决环境不正义的问题同样需要民主的管理作为保障,"公平并不是各种认同环境正义的团体和运动所要处理的唯一的正义问题。其他的基本批评还包括社会、文化和生态破坏之间的关系,以及显然缺乏民主参与管理机构的建设和运行"②。人的社会属性决定,个体通过管理活动建立关系,任何个体都无法跨越管理界限或脱离环境而独立存在,个体、环境、管理活动三者紧密相关。

---

① 何颖:《马克思的世界历史理论》,载《马克思主义研究》2003 年第 2 期,第 42 页。
② 大卫·施朗斯伯格、文长春:《重新审视环境正义——全球运动与政治理论的视角》,载《求是学刊》2019 年第 5 期,第 54 页。

二、群体间的环境邻避冲突

邻避冲突是指将一些对身体健康或环境有危害风险的社会公共设施建设在居民生活区内的政府行为引发了当地居民的不满。这类社会公共设施一般包括垃圾掩埋场、核废料处理地、焚化炉、炼油厂、污水处理厂等。这类社会公共设施虽然服务于广大的人民群众,是社会所需,但却是设施建设点附近居民的"噩梦"。因此,邻避冲突的深层含义是牺牲少数人的环境权益以满足大多数人的生活所需。"邻避冲突一般反映了处于弱势地位的少数族群和民众与邻避设施选址的决策者之间的矛盾。"①如果以市场机制这一"看不见的手"予以调节,就会导致弱势群体生活区成为建设邻避设施的"牺牲区",因为弱势群体不但协商成本高、环境权益意识不足,而且抵抗能力较差,对补偿金的期望也较低。如果不考虑弱势群体的情况就建设邻避设施,也会导致同样的结果,因为富人有能力搬迁至其他不受邻避设施影响的区域,而这一区域因建设邻避设施而下跌的房价必然会吸引更多的弱势群体加入,从而使这一区域成为弱势群体的聚居区。市场调节手段首先就将环境正义排除在邻避冲突之外了,在市场机制下,只有资金补偿才能解决邻避冲突。邻避设施的存在不仅会使部分群体的合法环境权益受损,而且还会导致这部分群体的政治权益、平等机会的丧失。如果以政府这一"看得见的手"进行调节,可能结果就完全不同了,政府不以资本为导向,且更加注重公平。

邻避冲突是环境正义问题在政府管理中的切实体现,是由环境问题引发的少数人权益与多数人权益的博弈过程,既涉及环境正义,也涉及社会正义。在《走向后现代的环境伦理》一书中,崔永和认为,作为现实的人,只有把自然看作人的生命的有机组成内容,才可能理解

① 王彩波、张磊:《试析邻避冲突对政府的挑战——以环境正义为视角的分析》,载《社会科学战线》2012年第8期,第162页。

自身对自然的"伦理性"关系的实质,也就是将人与自然的伦理关系理解为一种内在统一性,将人与自然的关系内化为人与人、人与自我的关系,这种关系的生成既是人所应承担的义务,也是人类未来的"天命"所在。人与自然具有内在统一性,人与自然之间的矛盾又进一步反映在人与人、人与自我的矛盾上,也就是由环境正义转向社会正义的过程。消除邻避冲突,维护环境正义,首先要从维护社会正义的角度入手,"少数群体及弱势团体有免于遭受环境迫害的自由,平均分配社会资源,可持续利用资源以提升公众生活素质,及每个人、每个社会群体对干净空气、水和其他自然环境有平等的享用权"①。政府的合法性基础来自于对广大人民群众享有的基本权利的保障,其中环境权利必不可少。解决邻避冲突的关键在于政府要调整自身决策模式,传统的基于"强制的行政命令"的管理方式已然不能完全适用于现代社会,所以,政府应该逐渐探索和尝试更为民主的、基于"多元主体参与"的管理方式:一方面为基层群众提供更多表达意见的渠道,吸引更多利益相关者参与政府决策;另一方面加快政府行为活动的民主化与透明化,不断强化政府公信力和合法性基础,从政府管理层面化解人与人、人与自然的矛盾。

三、区域间的环境利益分配失衡

随着各国对生态文明建设重视程度的不断加深,统筹城乡一体化建设成为生态文明建设的重要内容,同时也揭示了城乡之间的环境利益矛盾,为城乡环境综合治理提出了新的挑战。随着城市化进程的加快,城市不断挤压农村的生活空间。农村生活空间包括农村环境资源,农村环境资源被城市占有、使用往往是社会现代化发展的必然结果,我们可以发现,在这个过程中存在严重的环境不正义。宋惠芳认

---

① 何艳玲:《对"别在我家后院"的制度化回应探析——城镇化中的"邻避冲突"与"环境正义"》,载《人民论坛·学术前沿》2014年第6期,第59页。

为,"在城乡环境利益的博弈过程中,城乡环境利益的冲突很大程度上是城市与农村追求资本最大化使然……"[①]。马克思认为,"资本只有一种生活本能,就是增殖自身"[②],当环境问题与资本增殖相叠加,环境正义就会被忽略,基于扩张的本性,资本不能仅仅满足于追求物质财富,它影响人类社会的政治、文化、生态环境等方面,从而导致政治上的"偏袒"、文化的"堕落"、生态环境的"危机"等。因此,在城市化过程中,为避免资本主导,政府要作为核心主体发挥引导作用,及时缓解各主体间的环境利益冲突,并不断创新社会治理方式,"区域间的环境正义虽然不能改变资源禀赋的天然差异,但可以引导公共治理过程中环境政策的调适,从而避免资源优势变成资源诅咒,防止生态优势成为发展障碍"[③]。

与城市相比,农村具有优越的自然环境条件,是农民生活的基础,也是农民满足基本生活所需的自然支撑,环境资源被剥夺的后果对于农民来说可能是更为致命的,从这方面来看,农村在面对环境问题时比城市更脆弱。因此,如何协调城乡环境利益是社会现代化发展进程中必须要面对和处理的问题。首先,要树立城乡环境利益一体化的观念。我们面对的不是谁可以剥夺谁、谁的利益被谁侵害的问题,而是城乡应如何共同分享环境善物、共同解决环境恶物、共建美好家园的问题,这就需要公平正义的保驾护航。其次,政府管理模式在协调城乡环境利益方面发挥重大作用。政府的环境治理模式决定了城乡环境利益的协调和处置方向,政府管理的缺位是导致城乡环境利益失衡的重要原因,同时政府管理的在场是解决城乡环境利益失衡、协调城乡环境利益的重要保障。因此,政府需要不断创新环境治理模式,以不断适应和调整城乡之间的环境利益分配。最后,合理发挥资本的

---

① 宋惠芳:《当前中国城乡环境利益失衡的原因及出路——以资本逐利为解读视角》,载《晋阳学刊》2017年第4期,第107页。

② 中共中央马克思恩格斯列宁斯大林著作编译局:《马克思资本论(第一卷)》,北京:人民出版社2004年版,第269页。

③ 张成福、聂国良:《环境正义与可持续性公共治理》,载《行政论坛》2019年第1期,第97页。

第二章　管理现实向度的环境正义问题

作用,实现"既做大蛋糕,又能分好蛋糕"的目标。城乡要充分利用资本,谋求发展,同时,不能忽视对环境的关怀,将资本的运作的后果保持在环境可承载的范围之内。"环境利益的协调便成为实现环境正义的必要环节"①,管理在其中扮演着重要的角色:一是要确保各利益主体有平等分配环境利益的机会,即每个环境利益主体都享有公平分配环境利益的权利和平等获得环境利益分配的机会;二是要建立相应的环境利益共享和补偿机制,首先考虑城乡居民共享环境利益,若无法共享,则要充分考虑各方需求并建立补偿机制,补偿那些直接受到环境损害影响的群体;三是要明确环境责任的划分,政府、企业、社会组织和个人应各自承担相应的责任,这样才能形成有序的环境治理体系。

本 章 小 结

环境正义是环境伦理的重要内容及表现形式,与管理现实向度紧密结合,即环境正义是管理现实意义上的道德实践。本节从环境正义的分配正义、承认正义、参与正义、能力正义等四个维度探讨环境伦理与管理活动的相互作用,深刻反思资本逻辑对环境分配正义的管理价值影响、共同体间基于环境承认正义的管理责任承担、程序正义下多元主体的管理政策制定、环境能力正义下的管理机会获得,分析具体情境下人与自然的关系以及其背后的社会矛盾根源,由此得出环境正义的管理困境具体表现为个体间的环境占有矛盾、群体间的环境邻避冲突和区域间的环境利益分配失衡,深刻阐释了由环境问题导致的不正义现象与行为急需政府在顶层设计层面予以有效应对的必要性。

---

① 张成福、聂国良:《环境正义与可持续性公共治理》,载《行政论坛》2019年第1期,第98页。

第三章　管理价值向度的环境关怀问题

环境关怀是一种基于人对自然情感的人与自然之间的道德联系，也是人基于正确的管理价值观所做出的合理价值选择。人对自然的情感产生于人对自然所持有的价值观念，在不同管理时期产生的不同发展模式决定着人对自然的态度。从自然的本质出发探讨人与自然的关系是更加客观和真实的，因为自然本身具备内在价值与权利，所以人对自然的态度应是尊重与敬畏的。人与自然的二元对立是"效率至上"管理价值观的内生肇始，发展主义的管理价值观导致环境危机日益严重，改变管理价值观是遏止环境危机并解决环境问题的关键之一。环境关怀能够重建人与自然之间的情感联系，促进人们形成正确的管理价值观，推进管理道德实践，构建环境生态共同体的新秩序。

第一节　环境关怀的管理价值立场

环境关怀以自然本身具备一定的价值和权利为认识基础，通过重新建立工业社会背景下人与自然之间的相互作用关系（相互贡献），实现人与自然的和谐共处。

一、环境关怀下的自然价值确认

自然价值是环境关怀的价值认知基础。罗尔斯顿"反对从人的利益出发来评价自然的价值,即把自然的价值仅仅归结为对人所具有的工具价值和使用价值,而认为自然的价值可以在与人无涉的情况下产生,也就是说,自然价值是客观的,是由自然物自身的属性和生态系统的功能性结构生成的"①,他从某种意义上彻底转变了传统的"人本主义"思潮关于人对自然认识的根本立场,通过建立自然对人的价值来确立人对自然的道德责任。自然本身既有原生性特征,又有对象性特征,既有内在价值,又有外在价值。内在价值是由自然本身的客观存在属性决定的,它孕育生命,维系包括人类在内的所有生命物种的生存和繁衍;外在价值是指自然经过人的"有利"改造对人类产生的工具性价值,为人类和人类社会的发展提供了物质基础。

虽然,关于自然价值的问题学界尚有争论,但是,从管理哲学的角度出发,自然对人类发展的意义客观存在。"主张自然具有内在价值的学者力图超越近现代主流哲学那种狭隘的、具有二元论特征的价值范式,并站在后现代角度重新思考人与自然的统一问题。"②环境关怀以人的"情感关切"为基点,体现为人作为评价主体对自然的关照。我们说自然价值是在说自然的内在价值与外在价值的统一,外在价值即自然对人类的基于物质基础的工具性价值,内在价值却长期存在争议。有学者认为自然的内在价值同样应由人类来衡量,人类是唯一的评价者,从这个角度上看,自然不具有内在价值;有学者认为自然本身的客观存在决定其内在价值,这种内在价值是独立于人类的判断而客观存在的,因此,自然必然具有内在价值,基于此,自然应获得人类的尊重。虽然这两种关于自然内在价值的争论一直存在,但是从重塑现代工业文明价值基础的管理哲学角度来看,环境关怀的前提在于承认自然本身具备内在价值,这无关于人类是否是唯一的评价者,也无关于自然能为人类创造何种价值,其必然性已在历史发展过程中得到证

---

① 李培超:《伦理拓展主义的颠覆:西方环境伦理思潮研究》,长沙:湖南师范大学出版社 2004 年版,第 115 页。

② 杨通进:《环境伦理学的三个理论焦点》,载《哲学动态》2002 年第 5 期,第 30 页。

明。"现代文明的发展犹如一元二次方程式的两个根,总是一正一负:一方面,人类借助理性力量,通过对大自然的开发和利用,创造了高度的物质文明;另一方面,以自然资源短缺、环境污染、气候异常、生态失衡、人口爆炸为表征的全球性生态危机日益困扰着人类。"①如何辩证地看待工业文明发展进程中自然对人类的贡献与人类对自然的索取之间的关系,将成为工业文明持续进步的价值基石。

人类对自然环境的漠视是人类生存危机的根源之一,从管理哲学的角度看,现代工业文明发展的影响之一是人类精神家园的失落。解决这一问题除了需要法律和政策的引导之外,还必须借助道德的力量,将道德关怀的范围延伸至自然环境。人类作为自然界中的一员,只有与自然相互认可与尊重,才能做到物质与精神的并行发展,才能实现人类价值与自然价值的相互体认与和谐统一。无论从哪一种观点和角度出发,人们普遍认可保护自然环境的重要性,但不同群体持有不同的立场与价值判断。人类中心主义者从人类利益的角度出发思考问题,认为保护自然是为了让自然更好地服务于人类发展,而环境关怀的价值立场在于人与自然关系的相互性与回应性。"进而,可以说关怀伦理所具有的这种价值立场会自然地拒斥各种中心主义或个体主义的自然观,而倡导整体主义或'关系主义'。"②人类中心主义者认为人类的利益是优先的,主张环境关怀的人则认为人类的利益与自然的利益是相互的,有自然的利益才会有人类的利益,从某种程度上看,自然的利益是人类利益的回应。

二、环境关怀下的自然权利禀赋

伦理学从只关心人类群体的天赋权利逐步扩展到关心环境整体

---

① 高春花:《论人类对环境的道德关怀》,载《河北大学成人教育学院学报》1999 年第 1 卷第 4 期,第 10 页。
② 路强:《从敬畏自然到环境关怀——关怀伦理的生态智慧启示》,载《东南大学学报(哲学社会科学版)》2020 年第 22 卷第 4 期,第 16 页。

的自然权利。约翰·洛克(John Locke)在《政府论》一书中阐述道,国家这种政治组织在形成之前,人们处于一种"自然状态",在这种状态下,人们享有天赋权利,即生命、自由、健康、财富等,为了理性有序地交往,人们订立契约,自愿让渡部分天赋权利以组成国家,让渡的这部分天赋权利(生命权、自由权、财产权)由国家予以保护。随着近现代哲学的发展,人们对伦理学的研究不再局限于人的天赋权利,也不再将之作为攻击自由主义的武器,正如罗德里克·纳什(Roderick Nash)所认为的,扩展天赋权利的范围,使之容纳自然权利的思想不再被视为对自由主义的歪曲而搁置一旁,对越来越多的人来说,那正是自由主义哲学的一个新的前沿阵地。伦理学不断认可自然本身具备权利的事实,并将焦点引向人对自然的关切。

目前,针对自然是否具备权利的问题仍然存在争论。争论源于人们所持道德立场的不同,即人类中心主义与非人类中心主义。但是,无论持何种立场,人对自然的道德关系都是存在的,"在把人类的道德关怀向整个自然扩展的过程中,就内在地存在着由事实转换为道德的理性通道"①。至少,自然中动物的权利不容否认,动物本身具备生存的权利以及不被人们出于某种利益而肆意猎杀的权利,"动物权利这个词可用来保护某些动物的善,它们的这些善对人提出了某种义务要求"②。虽然动物权利似乎是一种天赋权利,但是从纯粹自然的角度看,并不存在天然的评价者,因此,动物权利是人们对天赋权利这个概念拓展的结果。

在事实与价值之间是否存在理性通道,是非常值得探索的。事实所蕴含的是人们尝试揭示自然现象与规律的行为,事实不存在关于价值的判断,是关于客观存在的"是什么"和"怎么样"的问题。而价值是对人"向善"或者"向恶"的行为规则的研究,是关于价值判断的

---

① 郑慧子:《人对自然有必然的伦理关系》,载《自然辩证法研究》1999 年第 15 卷第 11 期,第 54 页。
② 罗尔斯顿:《环境伦理学:大自然的价值以及人对大自然的义务》,杨通进译,北京:中国社会科学出版社 2000 年版,第 62 页。

"应当"问题。如果关于事实的问题无法融入价值判断,那么关涉事实的科学理性与关涉价值的道德理性应该如何转换,才能将人对自然环境的事实行为与价值行为联结起来?罗尔斯顿认为转换途径建立在自然本身的发展规律与人的行为目的紧密相关的基础之上。如果一个事实对人的行为的实现产生了影响,那么它就会成为人们进行价值判断的部分依据,被纳入价值体系当中,成为下一步人的行为的判断标准,即产生了"人们应该怎样"的问题,这样就将事实与价值在理性中联系起来。也就是说,关涉人改造自然的行为的事实与人对自然的道德关怀之间并非是互相冲突的,在理性的层面上二者可以相互关联,"主体不是独立于世界万物的实体,而是本质上具体化的并且实际上是与世界纠缠在一起的,两者相互包含并且彼此具有内在关系"①。自然权利是存在的,并且基于事实与价值的联系赋予某些环境以"善"的表达,人们对环境的关怀是自然权利存在的客观显现,是环境伦理的重要价值基础。从管理哲学的角度看,事实与价值的联系在管理活动中得以实现。管理哲学为实现工具理性与价值理性的统一,以及环境关怀下的自然权利禀赋做出了一定的理论贡献。

三、环境关怀下人与自然关系的相互性

马克思主义哲学强调,人要从主体观念出发去看待和把握对象世界,认为人与对象世界之间不是彼此外在的关系,而是以作为主体的人的对象性活动为连接方式,通过自我主体与对象主体之间的相互作用转化为彼此内在的关系,由此,人在与对象的相互作用中确证自身、实现自身,对象则在此过程中实现自身。② 因此,从主体性的角度来

---

① 肖显静:《科学的新发展与环境伦理学的完善》,载《自然辩证法研究》2004年第20卷第4期,第98页。
② 崔永和:《走向后现代的环境伦理》,北京:人民出版社2011年版,第25页。

看,人的主体与作为人的活动对象的自然主体之间相互生成。这种相互生成的关系,从人的主体方面看,以人对自然的关怀为起点,形成二者的双向联系。

人与自然之间存在主体间性关系。自然孕育人类,是人类生存之根基,人类是自然界中唯一具有理性的生物,因此,人类应该利用好这一得天独厚的优势,在享受权利的同时,承担保护自然的义务,这是人类理性的应有之义。人类在实践中,应坚持多尺度的行为标准,既不以人类的需要为唯一尺度,也不以自然的客观存在为唯一尺度,坚持和发展多尺度下的主体多样性。对于非人类的生命体,人类需要给予其更多的关怀,不应随意去干扰其生存活动,也不应以非人类生命体的生存为人类发展的代价。人与自然皆为主体,人是自我主体,自然是对象主体,人与自然的关系也可以说是自我与另一个自我的关系,即世界万物之间的普遍联系与彼此依赖的系统性共在。人与自然的关系不再是传统意义上的机械论关系,而是自我主体与对象主体之间积极的双向选择与相互生成的关系。人与自然之间的这种主体间性关系表明,自然不再是人类征服与利用的对象,也不再是人类随意摆布的工具。

打破人与自然之间的"主客二分"范式,确立人与自然双主体在积极意义上的相互性。无论是西方伦理学中的个人利益至上论,还是东方伦理学中的集体利益至上论,都在不同程度上忽视了自然环境的伦理价值意义。人具有双重属性,即自然属性和社会属性,自然属性是人的基础属性:人是自然的存在物,与自然界同一。但是,由于人拥有理性,所以人与自然界中其他生物之间存在着非对等性,"野兽成为野兽不是罪过;那毋宁说是它们的荣光。但是,如果人也像动物那样行动——没有文化、不具备道德能力、胃觉取向、自我中心、只促进其自己这个物种的繁衍——那就是一种罪过了"①。因此,虽然人是自然

---

① 罗尔斯顿:《环境伦理学:大自然的价值以及人对大自然的义务》,杨通进译,北京:中国社会科学出版社 2000 年版,第 98 页。

界中普通的一员,却承担着特殊的责任。人们不能为经济利益所羁绊,不能受制于工具理性,我们应该在伦理的范畴内突破工具理性的束缚,使自然成为我们关怀的对象。人与自然之间不是"改造与被改造"或"认识与被认识"的二元对立关系,也不是简单的"谁包含谁"的关系,而是相互交融、相互促进、相互构成的关系。自然为人提供必要的物质基础,人对自然给予同等程度的道德关怀。当然,这一切的实现,还需要有一个非常重要的因素,即管理活动。人是有组织的社会存在物,在管理哲学看来,人的道德行为与素质能力需要通过管理活动才能发挥到极致。如果忽视了人所特有的素质和能力,以及不同社会历史阶段对于现实个人的素质和能力的制度整合、文化熏染,把人混同于一般的自然生命体,那么,仍然无法从根本上把握人与自然相互生成的现实过程。① 因此,管理活动在将环境关怀纳入人与自然相互生成的过程中至关重要。

第二节 管理价值与环境关怀的道德指向

在人与自然的关系中,显然人类更具主导性,因此,更应该依据人的行为活动的某些规范来建立人与自然之间合理的情感和道德联系。管理作为一种人类的普遍行为活动,其内在价值无时无刻不在引导和制约着人的行为实践,因而环境关怀的实现必然以管理活动作为基础。

一、环境伦理与环境关怀:以情感为核心的管理道德联系

环境关怀是环境伦理在道德层面的反映,它从人的情感出发,将

① 崔永和:《走向后现代的环境伦理》,北京:人民出版社 2011 年版,第 33 页。

人与自然联结为一个系统性整体。环境伦理是一种宏观层面上的伦理范式,其主要目的是化解人与自然的冲突与矛盾,建立一种新型的人与自然之间和谐共处的伦理关系。环境关怀是环境伦理的一个重要侧面,其试图从人的情感出发,共情人与自然的共同处境,以道德为纽带打破人与自然之间主客二元对立的格局,以系统性观点重新确立人与自然之间的道德联系。关怀是个体的属性之一,表征为个体间一种相互依赖、相互依存的关系,表现出整体性和系统性的特征,个体不能脱离关系而孤立存在,人与自然也同样如此。关爱自然,为持各种价值立场的人普遍接受。因此,环境关怀才是人在处理与自然关系时在最大程度上能被所有人所接受的道德伦理观点。"将关怀伦理引入对人与自然关系的判断时就能发现,人类对于自然生态的关怀要以一种尊重和谨慎的态度"①,这种态度建立在人与自然互相承认各自价值的基础之上,从根本上解决了人与自然之间的对立。

环境关怀强调人与自然之间的关系性存在,重视人与自然之间的相互影响与相互作用,关怀不是单向度的,而是存在于人与自然的互动之中。当人与自然之间的关怀关系被充分建立起来时,自然和人才能够实现完美的融合,即自然的价值愈丰满,人被展现的价值就愈多元。无疑人与自然最适恰的关系是相互尊重与相互关注,在人类对自然采取的各类行为中都要融入对自然的伦理考量,而自然环境也会对人类的"善"给予回应。在两者的关系中,人作为有理性的存在物占据主导地位,自然并不能像人一样具备理性与情感,这就对人的理性行为提出了更高的要求。目前,人类已经几乎摆脱了对自然的臣服状态,在与自然的交互中更加具有主动性,因此,环境关怀要求人承担更大的主体责任,对改造自然的行为负责,并尽到关爱自然的义务。"正是从关爱伦理的角度看,在处理人与自然的关系上,在解决环境伦理面临的人类中心主义难题中,关怀伦理也许是解决生态危机、实现人

---

① 路强:《从敬畏自然到环境关怀——关怀伦理的生态智慧启示》,载《东南大学学报(哲学社会科学版)》2020年第22卷第4期,第16页。

与自然和谐的途径之一"①,人将理性与情感应用于处理和自然的关系上,谨慎地实践并不断考察着自然的反馈,以不断促进人与自然之间的融合。

从环境关怀的视角来看,人类应在理性上认可人对自然的情感,并通过反思对自然产生真正的敬畏。只有建立起人与自然之间的关怀关系,人类才能够在享受自然馈赠的同时,不伤害自然,同时避免自然对人的报复。环境关怀以人的情感为核心,在人与自然之间建立道德联系,从而引导人对自然的道德实践行为,或为人的道德实践行为提供引导,这种引导一方面出于人类完善自我精神的诉求,一方面出于人类智慧在现实生活中的具体作用,是人的理性在道德实践中的具体体现,"'以人为本'原则也可视之为向生态论拓展的社会主义人道主义,它不再是强调从'人-神关系'或'人-物关系'中解放人,而是强调从人类活动所导致的生态环境的异化中拯救人、解放人,自觉修复自然生态系统"②。环境关怀秉持系统观念和整体主义,摒弃一切个体主义和中心主义论调,服务于人与自然的双向互动。

二、环境关怀的管理价值基础:打破主客二元对立

西方环境伦理学秉持机械论的观点,孤立地探讨人与人、人与自然的关系,导致人与自然的主客二元对立,"尤其在自然观方面,由于一贯坚持机械论的观点,坚持认为人类在人与自然的关系中不仅高于自然的存在,而且日益成为自然的统治者,造成了人类与自然构成主

---

① 汪忠杰、陈秀峰:《关怀伦理视野下的环境伦理难题》,载《湖北大学学报(哲学社会科学版)》2009 年第 36 卷第 5 期,第 31 页。
② 崔永和、黄家军:《"以人为本"对生态环境的价值关怀》,载《青海民族大学学报(教育科学版)》2011 年第 2 期,第 9 页。

客两极的对立关系,致使人与自然的界限日益明显"①。人与自然的主客二元对立是一系列问题的根源,是环境危机发生的直接原因。如何将环境与伦理相融,是我们在对主客二元对立思维模式进行批判和反思的基础上所应该关注的话题。西方国家在现代性叙事之下,以效率为核心,无限追求工具理性的价值,忽略价值理性,其中体现的思维模式是"主客两分",即主体与客体逐步走向对立。"主客二分"的思维模式不仅体现在人与自然的关系中,而且体现在国家治理中。国家治理由传统公共行政时期追寻公共行政价值,直接转为在现代工业社会时期追寻管理价值,"这使得国家治理行为由政治统治转向对公共事务的管理,国家治理的手段由'权治'转向规制与法制,国家治理由注重国家政治机构内在建设转向注重追求行政效率,国家治理呈现西方工业社会的理性、科学、效率等现代性价值特征"②。现代工业社会在"理性、科学与效率"的管理价值观指引下,不断丰富物质财富,无限获取财富成为大多数人追求和向往的目标,不惜以牺牲环境为代价。这就是现代工业社会发展的弊端,一方面造成了人本身的异化,另一方面在人与自然关系上缺失伦理关照。重塑人与自然的和谐关系,必须打破这种"主客两分"的管理价值观,重新确立人与自然之间的道德关系。

从个人的角度看,关心和关爱自然可以内化为人的道德体系的一部分,用以指导人的行为模式。自然是人生存与发展的基础,自传统社会时期以来,人与自然之间的关系经历了几次转折,人对自然从臣服到剥削再到尊重,从因无知畏惧自然到为获取利益利用自然再到反思之后的敬畏自然,构成了长久以来人与自然关系的图景。其中第一次转折是由经济推动的,第二次转折是由伦理推动的,在这两次转折中,管理哲学都发挥着重要作用。古典管理时期,弗雷德里克·泰勒

---

　　① 汪忠杰、陈秀峰:《关怀伦理视野下的环境伦理难题》,载《湖北大学学报(哲学社会科学版)》2009 年第 36 卷第 5 期,第 31 页。
　　② 何颖:《国家治理的伦理回归》,载《行政论坛》2020 年第 6 期,第 84 页。

(Frederick Taylor)的科学管理原理以及马克斯·韦伯(Max Weber)的理性官僚制都是为提高效率服务的,效率是这一时期的唯一管理价值准则,因此形成"效率至上"的单一管理价值观。经过不断反思,人们认为"效率至上"的单一管理价值观引发了很多问题,人与自然之间矛盾的不断激化就是其中之一。因此,在现代管理观念的引导下,人们积极构建多元管理价值体系,在体系中加入效率、公平、正义等维度,以道德伦理引导管理行为,打破主客二元对立格局,以伦理道德构建人与自然的内在联系。"自然资源与自然环境是不同利益主体的共同的财富,因此,任何利益主体破坏自然环境、浪费自然资源的行为都将直接危及其他利益主体生存与发展的权益"[①],人对自然的态度要从情感出发,以道德联系为纽带,形成主体间性的双向互动与联系。以整体性和系统性的视角看待人与自然的关系,人与自然并非相互对立的存在。新时代的国家治理要从环境关怀的角度入手,基于环境问题重新构建管理价值基础,用以引导人的道德行为模式,在充分尊重自然的基础上改造自然,维护良好的自然环境。

三、环境关怀的管理道德实践:构建环境生态共同体的新秩序

人在与自然建立环境关怀这种伦理纽带之后,需要重新规定人对自然的道德实践行为。以系统的观念构建环境生态共同体是人与自然和谐发展的最终目的,同时基于该观念构建环境管理的新秩序。"强调人与自然的关系是一个整体,在于反对人与自然的分裂关系,因为人与自然关系的分裂是导致生态危机发生的根源之一"[②],当人们以环境关怀作为道德实践的导向时,就是在强调人与自然的关系性和

---

① 宋文新:《发展伦理的核心关怀:维护弱势群体的资源与环境权益》,载《长白学刊》2001年第2期,第47页。
② 曹孟勤:《自然即人 人即自然——人与自然在何种意义上是一个整体》,载《伦理学研究》2010年第1期,第63页。

第三章 管理价值向度的环境关怀问题

系统性。环境关怀强调以关心和关爱的情感态度消解自我与他者之间的对立与冲突,达成主体间的彼此认可,在这个过程中,共同体成为个体的生存基础,个体在共同体中实现整合。

从宏观层面来看,环境生态共同体是人与自然形成的共同体,人与自然相互依赖,共生共存。环境生态共同体的新秩序主要体现在以下几个方面:其一,人对自然的开发与利用无论是出于何种目的,其行为的评价标准始终道德优先。环境生态共同体中的人与自然是平等的两个主体,道德和情感是在两者之间建立内在联系的重要途径,如果撇开道德准则,将对经济利益的无限度的渴求作为人类行为的唯一目的,那么对自然的伤害就在所难免。其二,共同体中的所有生命存在物都需要人类以谨慎的态度对待。虽然人类的发展不可避免地会对共同体中的其他生命造成不同程度的伤害,但是人类必须谨慎,不能随意对待其他生命的生命价值。其三,倡导有节制的生活方式,避免产生更多的生活废弃物而给自然环境造成负担。随着人口的增长以及人的需求的不断增加,物质丰富的同时伴随着大量生活废弃物的排放,这些生活废弃物已经给自然带来了沉重负担。尤其是因科学技术的发展而产生的高科技产品废弃物,自然已无力承载,客观上阻碍着人类的进一步发展。构建环境生态共同体是全人类共同的任务,"构建人类生态共同体需要集合全球各国各民族人民共同努力,需要从建立共商共建共享的全球生态治理体系出发,凝聚生态共同体意识,坚定推动全球化并节制资本"①。人作为自然中唯一具有理性的生命体,必然在人与自然的关系建构中发挥主导力量,从个人努力到形成群体合力的过程需要借助管理哲学和管理活动。

国家治理在推动构建环境生态共同体的过程中发挥重要作用。国家治理需要通过手段的优化与有目的的引导使环境关怀的道德价

---

① 冯馨蔚、郑易平:《推动构建人类生态共同体的内在需求及现实困境》,载《毛泽东邓小平理论研究》2020 年第 12 期,第 82 页。

值立场内生在管理活动中,并进一步内化为人的自觉道德实践行为。通过管理方式的转变,使人与自然的关系由"效率至上"管理价值观引导的二元对立,转变为公平正义管理价值观引导的统一与融合。"生态共同体要求用对立统一、和合共生的逻辑重新理定人与自然的关系,在反对将自然彻底同化到人类理性逻辑上的人类中心主义立场时,摒弃因忽视人的社会属性而将人简化为纯粹自然性实存的生态中心主义立场,而要在充分承认自然界和人类主体间性的前提下,自觉遵循生态系统的客观规律,重视生态系统的共同性和整体性。"①生态共同体不仅是关于个体基本生存情况的共同体,还是人与自然相互促进、共同发展的共同体,人在生态共同体中发挥积极作用,促进人的全面发展,自然则为人的生存与发展提供更大的空间和更多的可能性。人与自然之间不可分割的观念不仅应存在于人的认识中,而且要始终贯穿于人的管理道德实践中。

第三节　环境关怀的管理困境

现代工业的发展取得了前所未有的成就,促进人类社会的经济增长与物质繁荣,但同时伴随诸多问题,其中最严峻的是环境问题。环境关怀的管理困境主要体现为现代工业管理对生态良知的遮蔽,以及个人利益至上原则和工具理性主导下产生的人与自然双向异化。

一、现代工业管理对生态良知的遮蔽

资本主义经济与现代工业的发展引发日益严重的环境危机。现代工业管理在以效率为核心的管理价值观引导下,注重管理的工具理

---

① 李莎、刘方荣:《生态共同体的生成逻辑与构建路径研究》,载《河南理工大学学报(社会科学版)》2020 年第 21 卷第 4 期,第 24 页。

性作用,忽视价值理性,将人作为工业化生产过程中各个环节的工具,人渐渐丧失了对自然环境的关怀,麻木地追求经济利益。在这个过程中,自然环境遭到严重破坏。现代工业的发展,一方面促进了人类社会的进步,提高了人们的物质生活水平,另一方面对自然环境造成了不可逆转的破坏,威胁人的生存,挤占人的生存空间。表面上看,现代工业发展是一把"双刃剑",其利弊十分分明,似乎不可调和。但是从情感和道德的角度来讲,唤醒现代工业管理的生态良知,重建现代工业文明基础,使管理活动中的工具理性与价值理性相融合,实现发展经济前提下的人与自然和谐共生,是环境伦理所要解决的重要问题。

从发展实践来看,工业的现代化程度越高,其对自然环境的破坏程度就越深。随着工业现代化的推进,以及大型机械技术的发展和应用,在提高生产效率的同时,也加快了制造固体废弃物、废水、废气的速度,导致自然环境的负担越来越重。同时,人对自然资源的需求量也在不断增加,不断挑战自然环境的承载极限。环境危机的深层根源在于,一是人的"欲求无限性"与自然资源有限性的矛盾,二是在对自然资源的占有和利用关系上的分配不公。① 自然资源的有限性不仅体现在不可再生资源的有限性,而且体现在可再生资源存续链条的脆弱性,这种有限性和脆弱性与人类欲求的无限性形成剧烈的冲突与矛盾。此外,不同群体对自然资源占有存在不公,同样激发了人们的生态良知。由此引发了关于以下几个问题的思考:其一,人们追求物质生活是有其前提条件的,物质生活提高的速度应与环境承载能力和修复能力相匹配,必须将速度控制在环境可承载的范围之内,否则就会对环境造成不可逆转的破坏;其二,衡量社会发展的标准不应只有物的尺度、人的尺度,还要有环境的尺度,环境是人的生存根基,衡量一个国家和地区的发展程度,必然要将环境保护的因素考虑进去;其三,浪费必须从源头上杜绝,拒绝一切可以避免的对自然的伤害,环境污

---

① 崔永和:《走向后现代的环境伦理》,北京:人民出版社 2011 年版,第 176 页。

染、物种灭绝、气候异常、植被破坏等问题，都在人自觉或不自觉的行为中日益严重，因此，人们在日常生活中应时刻具备保护自然环境、避免资源浪费的意识，珍惜自然的每一分馈赠，将有限的资源用到极致。"资源保护与节约是生态文明建设的重中之重，环境保护与治理是生态文明建设的关键所在，生态保护与修复为生态文明建设提供重要载体，国土开发与保护是生态文明建设的空间规制。"[①]

"效率至上"的管理价值观是使人丧失生态良知的直接原因。"过度追求经济高速发展的结果，不仅破坏了'物的尺度'，伤害了自然的内在价值，引发了诸多物种濒临灭绝，造成了生物资源危机，而且日益严峻的生态环境问题直接威胁到人的健康和生命安全，普遍地降低了人类的生活质量"[②]，"国内生产总值"不是衡量一个国家或地区发展的唯一指标，绿色发展才是正确合理的发展方式。管理价值观中，效率是基础，正义、公平与"善"是终极价值目标，这其中也包括人对环境的关怀，以及对环境的"善"。以"善"为导向的管理价值观可引导人的实践行为，使人与自然和谐发展。现代工业管理需要融合多种价值观，将人对自然的道德关怀纳入伦理范围，时刻关心环境、关爱自然。

二、管理中个人利益至上原则的环境伦理悖论

启蒙运动后，人的个性得到解放，人开始注重发展自身，个人利益至上原则倍受推崇。人的自然属性与社会属性被明显区分开来，人的社会关系成为管理哲学关注的重点，并在助推管理哲学发展，进而提高劳动生产效率方面发挥重要作用。伴随着经济社会的快速发展以及劳动生产效率的提高，追求个人利益最大化在一定程度上促进了经

---

① 谷树忠、胡咏君、周洪：《生态文明建设的科学内涵与基本路径》，载《资源科学》2013 年第 35 卷第 1 期，第 8 页。

② 崔永和：《走向后现代的环境伦理》，北京：人民出版社 2011 年版，第 177 页。

济的发展。在具备一定物质生活基础后,人们开始对精神生活有所渴求,并开始反思个人利益至上原则的弊端。无限制地追求个人利益不仅损害了他人利益、社会利益和环境利益,而且使人变得更加孤立,成了"原子化的个人"。社会关系不再以传统社会的血缘与家庭为主,而是以个人利益为核心。"人类自身作为建设生态文明的主体,必须将生态文明的内容和要求内在地体现在人类的法律制度、思想意识、生活方式和行为方式中,并以此作为衡量人类文明程度的一杆基本标尺"①,从环境伦理的角度看,个人利益至上原则虽然在一定程度上起到了推进社会发展的作用,但它作为"效率至上"管理价值观的产物,是使环境伦理被划分在人的伦理范畴之外的直接原因。

管理中的个人利益至上原则表现为以下几点。首先,将追求经济利益作为唯一的价值准则和人的唯一需求,管理者往往将满足人的经济利益作为管理成功的前提。经济发展是社会进步的推动性力量,也是社会历史发展的必然要求。社会的发展并不能带来社会的普遍进步,甚至社会的单一化发展已经成为社会进步的阻碍。因此,管理需要融合多元价值追求,从经济、政治、社会、文化、生态等多元进路推进社会的普遍进步。其次,人对个人利益的无限追求往往需要强力而有效的管理活动进行约束和控制。人的社会生活是群体性生活,这种群体性生活要求人们遵守一定的秩序。社会契约论者认为人们交付了自身的部分权利以摆脱自然状态、组成国家,国家则保护人们的权利不受侵犯并维护秩序,"社会契约的国家学说,主要是对秩序正当化的一种论说方式,而不是这种秩序的建立方式"②。无论是怎样建立的秩序,都应对自然状态下个人利益至上的观念有所约束,在保证个人利益不受侵犯的同时,限制个人利益的无限增长。最后,个人利益的无限增长损害环境利益,若对个人利益的无限追求以牺牲环境利益为

---

① 俞可平:《科学发展观与生态文明》,载《马克思主义与现实》2005 年第 4 期,第 5 页。

② 苏力:《从契约理论到社会契约理论——一种国家学说的知识考古学》,载《中国社会科学》1996 年第 3 期,第 82 页。

代价,则人必然遭到自然的反噬。部分个人利益是从自然中获取的,不但给自然环境增添了很多负担,而且不断挑战着自然的承载极限。人造有害垃圾日益增多,不但造成环境污染,而且威胁人类健康,这不是管理哲学的初衷,也不是经济发展所要达到的最终目的。"自身日益强化的资源环境约束和在国际格局中的被动接受污染转移的地位,使发展中国家亟须实现从黑色发展到绿色发展的顺利转型,构建资源节约、环境友好、资源环境与社会经济协调的可持续发展格局"①,构建资源节约、环境友好的社会,是我们全人类共同的目标和责任,也是现代国家治理的根本任务。任何一个国家在资源节约与环境友好的社会构建过程中都不能缺席,打破个人利益至上原则是实现这一目标的重要前提,否则将陷入个人利益至上原则的环境伦理悖论之中。

三、管理现代性视域下人与自然的双向异化

管理现代性倡导人类中心主义,具有使人独立于自然并统治自然的管理倾向。管理现代性崇尚工具理性,忽视价值理性,赋予人非人格化的特征,迫使人逐渐丧失对其他自然存在物的价值关怀。工具理性与价值理性是韦伯在理性官僚制理论中提出的一对重要概念,也可被称为形式合理性与实质合理性。韦伯认为,管理的目的在于提高劳动生产效率,认为工具理性对提高劳动生产效率起到重要作用,而价值理性则会影响劳动生产效率的提高。因此,他认为管理需要"祛魅",即消除价值理性对人的影响。该主张虽然在提高劳动生产效率方面起到了积极作用,但是造成了人的异化。对于人来说,工具理性和价值理性缺一不可,工具理性是基础,价值理性是目的,"价值理性是人类从事价值追求与价值评价等价值活动的能力。价值理性的作

① 许广月:《从黑色发展到绿色发展的范式转型》,载《西部论坛》2014年第24卷第1期,第54页。

用在于提供人对自身生活意义的肯定评价及对自身价值的肯定评价"①。价值理性是人的理性的本质体现,如果缺少了价值理性的指导作用,人的行为将违背人的本质,人将对自身及自然环境丧失价值判断,自然环境将因人的行为而受到破坏,最终造成人与自然的双向异化。

人的异化与自然的异化相互关联,可以说,人的异化是自然异化的直接原因。马克思认为人的异化是劳动的异化:劳动不再是人的本质的体现,而是人获取经济利益的工具;人在劳动中感受不到快乐与幸福,只能感受到痛苦与压抑;人的劳动成果被资本家占有;人在劳动中变成了孤立的个人,丧失了劳动中健康的人际关系;人的劳动环境变得恶劣,人的身体健康受到威胁。人的异化源于人不顾一切地攫取经济利益,这个过程必然伴随着对自然的无限索取,从而在人的盲目行为下,破坏与自然的和谐关系。人对物质财富愈发渴求,愈会导致自然环境受到更大程度的破坏,若人缺乏价值理性的引导,则这种情况就会愈发严重。"科学技术的进步正在全面地改变着人类的思维方式、生存方式和生活方式,同时也改变着自然的面貌"②,人对物质的渴求导致人想尽一切办法提高劳动生产效率,片面提高劳动生产效率易导致人的异化,从而进一步刺激着人不断向自然索取资源。当人对自然的索取超过自然的承载能力时,自然环境就会遭到破坏,自然异化,而自然的异化又会反过来恶化人的生存环境,使人的身体健康受到威胁,不断挤压人的生存空间。在没有人的价值理性参与的情况下,生存的危机会迫使人们更加无限制地攫取财富,加速索取自然资源以换取更大的生存空间和更好的生活环境。这样就形成了一种恶性循环。如果我们停下脚步,重新思考环境问题,并将环境伦理引入这一过程之中,重新思考劳动的本质和人的本质,那么我们就可以打

---

① 何颖:《论政治理性的特征及其功能》,载《政治学研究》2006 年第 4 期,第 110 页。
② 李焕:《黄河文化的本位回归与传承路径——人与自然共生的视角》,载《理论导刊》2021 年第 8 期,第 127 页。

破这个恶性循环。"那种追求无限增长、强调竞争以及统治自然的倾向与那种强调稳定和相互依赖的生态学理想、与那种要求把非人类存在物和生物物理过程纳入共同体中来的共同体意识格格不入"①,管理现代性助推了"那种追求无限增长"的倾向,而环境关怀试图改变这种倾向,并试图把人与自然从双向异化的状态下解放出来,实现人与自然的双向共生。

本章小结

　　环境关怀是管理价值导向的、以人的情感为核心的道德联系,体现着人与自然的道德关系。人与自然并不是彼此孤立存在的,而是相互作用的,是一个整体。人对自然应具备道德关怀,并在此基础上表达对自然的尊重与敬畏。现代工业管理并不承认人与自然之间存在道德关系,且秉持着人的关怀只存在于人与人、人与社会的关系之中的价值选择,因而对自然的态度始终是冷漠的,主张人的利益永远高于自然的利益,迫使人与自然双向异化。管理哲学视域的环境关怀,以人与自然之间的道德伦理关系为基础,强调人对自然在道德伦理层面的情感,主张人在实践行为中充分考虑自然的存在意义与价值,认为对自然实施保护是人类应尽的责任与义务。

---

　　① 纳什:《大自然的权利:环境伦理学史》,杨通进译,青岛:青岛出版社 1999 年版,第 10 页。

第四章　管理权变向度的环境可持续问题

　　管理权变强调管理活动应与组织所处的具体环境相适应,旨在提出一定环境条件下可采取的最适于实现组织目标的管理方式。从人类的管理实践史来看,在管理活动中采取权变原则和权变方法具有悠久的历史。"随机制宜"的权变原则实质上是人类在面对自身的有限性与生存环境的无限性和不确定性之间的矛盾时,总结出来的一种生存智慧。环境可持续,可以说既是环境伦理的选择,也是发展管理的选择,可持续发展的环境伦理是可持续发展观的重要内容之一。可持续发展观旨在探寻代内与代际的公平发展,以及代内与代际关于环境资源的合理分配,当代人不能将环境资源消耗殆尽从而剥夺后代人发展的权利。可持续发展是一种有限制的发展模式,即维持需要与限制之间的相对平衡。管理权变理论可以实现"以人为本"与"以自然为本"的权变中和,提供以"适度性发展"为导向的管理评判标准,帮助人们不断探索基于环境资源保护与适度开发的可持续发展道路。

第一节　环境可持续的管理权变理论基础

　　在管理权变理论引导下,环境可持续主要用于调控人与自然、社会、自我三个维度之间的伦理关系,并在此基础上探索三个维度之间最为合理的状态,以实现持续性发展。

一、环境可持续伦理调控功能的三个维度：自然、社会与自我

环境可持续的伦理价值内涵与可持续发展观密不可分。一方面，环境可持续是可持续发展观的内生动力，另一方面，环境可持续在管理行为与个人行为两个层面发挥规导功能，并帮助构建正确的可持续发展观。在人类中心主义、生态中心主义与东方"天人合一"观念的趋近和融合中，"形成了一种理论和实践较为一致的环境伦理观——可持续发展环境伦理观"①。可持续发展环境伦理观是对传统市场经济伦理的批判、补充和替代，传统市场经济塑造的"理性经济人"模式具有一定的负外部性，这种负外部性在社会学上表现为社会不公，在生态学上则表现为环境危机，而可持续发展环境伦理观可塑造一种新的人类行为模式②，提供解决环境问题的新途径，化解因环境问题产生的社会矛盾，"环境问题犹如一面镜子，映照出人类现代文明的病态，这种病态是与社会占主导地位的价值观紧密联系的"③。

环境可持续的伦理调控功能主要体现在三组关系上。首先，环境可持续的伦理调控功能直接作用于协调人与自然的关系。主要为转变现代工业社会背景下人与自然的关系，表现为在管理活动中更为重视生态化的道德规范的确立，"这些道德原则、规范的确立，直接以人与自然的'应然'状态为价值追求目标"④，试图从管理哲学的视角重新审视人与自然之间的关系与问题，从管理的维度构建解决环境问题

---

① 徐嵩龄：《环境伦理观的选择：可持续发展伦理观》，载《生态经济》2000 年第 3 期，第 39 页。

② 徐嵩龄：《环境伦理观的选择：可持续发展伦理观》，载《生态经济》2000 年第 3 期，第 39 页。

③ 孙维屏：《对可持续发展观的辩证分析》，载《理论学习与探索》2006 年第 4 期，第 83 页。

④ 尹瑞法：《功能与机制：环境伦理对可持续发展实践的价值分析》，载《经济与社会发展》2007 年第 5 卷第 5 期，第 23 页。

的思维模式。该管理行为的有效性将直接作用于人对自然的行为,从而形成有效的可持续发展模式。其次,在人与社会之间,环境可持续的伦理调控功能发挥间接作用。通过调节人与人之间环境利益和环境权益的分配,该功能为解决全球性环境危机提供重要价值引导。但是,目前不可避免地存在着可持续发展观的不可持续问题,"解决可持续发展观不可持续问题的必由之路就是在充分吸收可持续发展观中合理成分的同时,确立新的环境伦理发展观"①。现代工业文明背景下,发展的价值前提是发展是合理的、是可以不计代价的,该价值前提首先否定了伦理的作用。在转向可持续发展观的过程中,若伦理仍然缺席,就会产生可持续发展观的不可持续问题,因此,需要树立可持续发展环境伦理观。最后,在人与自我的关系上,环境可持续的伦理调控功能更加具有内生性。人的自我价值引导依靠伦理规范,传统伦理在涉及环境问题的管理行为规约上有所不足。自我的内在规定性并不是一成不变的,而是会随着时间和环境的变化而变化。基于这样一种价值认知前提,环境伦理在规范人的行为的同时需要考虑其变化性,这在管理行为上体现为管理权变思想。"通过对不同关系加以调整,进而变成相互关系的纽带,便是可持续发展的中心思想"②,环境可持续在管理权变思想的引导下持续发挥作用。

二、环境可持续的管理权变与优化:持续、合理与限制

人们对"可持续"一词的认知与解释,往往是与"发展"联系在一起的。世界环境与发展委员会在《我们共同的未来》中将可持续发展定义为"既能满足当代人的需要,又不对后代人满足其需要的能力构

---

① 盛国军:《对可持续发展观的辩证思考》,载《学术交流》2007 年第 5 期,第 20 页。
② 张喆:《分析环境伦理与区域可持续发展》,载《企业科技与发展》2019 年第 11 期,第 22 页。

成危害的发展"①。这个概念有两个层面的含义:其一是可持续性的发展,其重点在于"发展",即可持续性是发展的一种模式;其二是发展的可持续性,其重点在于"可持续性",即可持续性是发展的一种限制②。谈及"发展",人们往往会赋予其与"经济增长"相同的释义,这是现代工业社会追求经济利益极致增长的负面反映。在这段时期内,经济发展在人类社会发展中占有重要的位置,甚至代替人的尺度成为衡量社会发展的唯一尺度。环境伦理的提出"就政治层面的可持续性而言,它既能在最大程度上调和各方人士关于环境管理的异议,又能促进环境科学与环境政策的交叉和联系,从而规避内在价值论困境"③。无论是从哪一个层面理解可持续发展,环境资源的可持续都是发展的内生基础与动力。

管理权变理论是20世纪60年代末、70年代初在美国经验主义学派基础上发展形成的管理学理论。"'没有绝对最好的东西,一切随条件而定',这句格言就是权变管理的核心思想。"④管理权变理论就是管理者根据管理环境的变数同管理观念和管理技术之间的关系,采用有效的管理方法,达到管理目标。在通常情况下,环境是自变量,管理观念和管理技术是因变量。也就是说,在已存在的环境条件下,若要更快地达到管理目标,就要采用相应的管理方法。管理权变理论主张没有一成不变的管理方法,管理方法必须随着环境的改变而有所改变,这里所说的"环境"指宏观意义上的环境,即包括社会环境和自然环境。管理权变理论从系统论的视角出发,与环境伦理相结合,形成环境可持续的伦理观,用以指导在应对环境变化与持续问题上的管理行为,认为不能一味地采取传统的思想与策略,也不能一味地谋发展,

---

① 朱贻庭:《应用伦理学辞典》,上海:上海辞书出版社2013年版,第216页。
② 孔成思、孙道进:《环境伦理与可持续发展观》,载《山西师大学报(社会科学版)》2013年第40卷第2期,第33-34页。
③ 孔成思、孙道进:《环境伦理与可持续发展观》,载《山西师大学报(社会科学版)》2013年第40卷第2期,第35页。
④ 贺小刚:《管理学》,上海:上海财经大学出版社2013年版,第192页。

主张发展是管理权变理论指导下合理的发展,发展是有所限制的发展。"环境伦理与可持续发展在精神本质上是一致的,它们都是以解决环境危机,协调人与自然之间的关系,保证人类社会在良好的自然基础上持续发展为宗旨的"①,环境的可持续发展也可以引发管理思维方式的变化,进而促进整个生态系统的可持续发展。

人类是自然界的重要成员,任何人都不可能脱离自然而独立生存,也不能脱离自然去追求自由而全面的发展。人类活动以自然为基础,受到自然的制约。使人类的生产生活活动保持在合理范围内,既满足人类的发展需求,又保证人类拥有良好的生存环境。森认为,环境方面的挑战是一个涉及公共物品(即人们共同享用,而不是一个消费者单独享用的物品)资源配置的一般性问题的一部分,为了高效提供公共物品,人们不仅不得不考虑国家行动和社会提供的可能性,还必须考察培育社会价值观和责任感可以发挥的作用,它们会减少对强力的国家行动的需要,例如,环境伦理的发展能够起到通常由强制性法规来起的作用。② 环境可持续思想限制着人类发展对环境的无限索取。虽然人类的发展是必需的,但却是可选择的,在环境可持续的伦理规范与管理权变理论的作用下形成的持续、合理、适度的发展,才是人类所追求的最优的发展。

三、"以人为本"与"以自然为本"的权变中和

"以人为本"不是以人的"所有利益"为本,而是以人的"应有利益"为本,即不盲目追求人的利益最大化,而是追求以人的生存和自由全面发展为目的的利益最优化,后者的实现需要良好的自然环境作为支撑。"以自然为本"不是以自然的"全部利益"为本,而是以自然的

---

① 何志伟:《环境伦理在可持续发展中的社会功能》,载《安阳师范学院学报》2006 年第 1 期,第 40 页。

② 森:《以自由看待发展》,任赜、于真译,北京:中国人民大学出版社 2012 年版,第 267 页。

"适度利益"为本,即不将自然"神圣化",而是要求人在合理地开发与改造自然的基础上尊重自然。现代工业社会管理模式奉行"理性经济人"假设,将人的活动的最终目的归结为追求经济利益最大化,从环境伦理的角度来看,这是一个悖论:人对经济利益最大化的追求,必然以损害自然环境为代价,将导致人类失去生存与发展之基。可以通过管理权变理论调节"以人为本"与"以自然为本"的关系,以达到人与自然共生共荣的发展目的。

可以从本体论和价值论两个层面来理解"以人为本"。从本体论的层面来看,马克思认为人不仅是自然界之本,也是社会之本,"被抽象地理解的,自为的,被确定为与人分割开来的自然界,对人来说也是无"[1],"人就是人的世界,就是国家,社会"[2]。"对于现实世界来说,人是本,而对于人来说,实践和感性活动是本。没有实践就不会生成人,因而也就不会有现实的世界"[3],所以,从本体论的层面来看,"以人为本"就是以人的基本生存为本,而人的生存通过实践得以实现,实践即是对自然的改造。从价值论的层面来看,"以人为本"是以人的价值和需求为本,这个观点后来被扩展为人本主义。人本主义是人的自我意识觉醒的体现,从价值论的角度呈现对人本身的重视和善待。对于一个国家或社会来说,民生问题的妥善处理是长治久安和稳定发展的基础,从这个意义上理解,实现"以人为本"就需要通过适当的管理活动以满足人的需要、实现人的价值。人的需要是随着外界环境的改变而改变的,管理方法也要依据人的需要的改变而做出调整,管理权变理论的精神内核就体现于此。现在人们所说的"以自然为本"不同于中世纪时期的宗教神学思想。宗教神学思想将自然定义为"神"一样的存在,认为人应单方面地顺从自然,对自然的利用和改造仅限于非常

---

① 中共中央马克思恩格斯列宁斯大林著作编译局:《马克思恩格斯全集:第3卷》,北京:人民出版社2002年版,第335页。
② 中共中央马克思恩格斯列宁斯大林著作编译局:《马克思恩格斯文集:第1卷》,北京:人民出版社2009年版,第3页。
③ 张奎良:《"以人为本"的哲学意义》,载《哲学研究》2004年第5期,第12页。

狭窄和单一的范畴。启蒙运功之后,人的价值被凸显,确立了自身的主体性,人对待自然的态度发生了很大转变,例如,康德提出的"人为自然立法"。随着社会生产力的迅猛发展,人对自然资源的需求增加,人的本质力量得到彰显,人的工具理性的作用逐渐大于价值理性的作用,最终将价值理性埋没,导致现代性弊端。在反思现代性弊端的同时,人们开始意识到对自然环境予以人文关怀的重要性,因此逐渐形成"以自然为本"的发展理念,这种发展理念不仅被用于调节人与人、人与社会的关系,而且适用于探讨人与自然和谐相处的命题。从性质上看,"以人为本"完全不同于人类中心主义,"以自然为本"也完全不同于自然中心主义。在现代社会发展进程中,"以人为本"与"以自然为本"缺一不可,并且可通过运用恰当的管理方法实现二者的协调统一。"社会历史的人文发展意指:社会发展的规律不但体现在人类的实践活动中,而且是一个不断满足人类需要和促进社会进步的历程"①,人类具有道德主体地位,自然则是人类关怀的对象,因此,人类实践活动要以保护自然为前提,在此基础上形成的管理方法和理念同样应遵从这样的价值理念,通过管理活动,实现"以人为本"与"以自然为本"的权变中和。

第二节　管理权变理论与环境可持续的价值认同

环境可持续兼顾人与自然并行发展的需要,既确保了人类对自然的尊重,又实现了人类谋求发展的目的。环境可持续是一种基于权变选择的变通性发展,即"适度性发展",主张人类真正回归到自然界整体中去,在整体中探讨人与自然之间的道德关系。

---

① 叶冬娜:《以人为本的生态伦理自觉》,载《道德与文明》2020 年第 6 期,第 46 页。

一、环境伦理与环境可持续:基于元价值的认同原则

环境伦理说明了自然为什么具有价值,阐释了自然的根本特征。人与自然之间的伦理关系得以确认的前提在于自然本身具有独立于人的价值,该价值体现在自然所具有的创造性,即创造生命的价值。创造生命的价值是一种元价值,这种元价值通过可持续性构成环境伦理在这一层面上的"同构",即环境可持续是环境伦理范畴内基于元价值认同原则的体现。"环境伦理问题上人类公共理性自觉的本质,是现代社会实践主体有关自身生存与生活方式之正当性理据自我反思的体现"①,环境危机的出现使得人类不得不反思其生产方式与生活方式的正当性,这一正当性体现为是否认同自然的元价值,以及在认同的基础上履行环境可持续的价值原则。

自然本身具有创造生命的价值,生命不仅通过主动适应环境来维持自身的生存与发展,而且生命间的相互依赖和相互竞争,使生命朝着多样化和精致化的方向进化,也使自然的复杂性和创造性得到增强,进而不断推动着自然的可持续发展。首先,关于生存价值的认同。任何一个生命体都有生存的价值,任何一个生命体都应得到尊重。虽然弱肉强食、适者生存是自然法则,使生命得以持续繁衍,但是食物链中的任何一个生命体都应该得到同等的重视,拥有同等的生存价值,"在有机体中,有机体自身的'善'与该有机体所属的物种的'善'之间并无区别,因为有机体追求其自身的'善'的行为并不会损害其属类的'善'。从这个意义上说,每一个拥有其自身的'善'的有机体都是一个好的物种,因而拥有价值"②。其次,关于公平价值的认同。国家治

---

① 袁祖社:《环境公共性价值信念与美好生活的全生态考量——实践的环境伦理学的当代视野与范式创新》,载《道德与文明》2020年第6期,第23页。
② 罗尔斯顿:《环境伦理学:大自然的价值以及人对大自然的义务》,杨通进译,北京:中国社会科学出版社2000年版,第138页。

理的重要内容在于解决不同地区或不同人群之间的代内公平问题，坚持可持续发展，"制定经济社会发展规划，努力实现经济、社会、环境的协调发展，为不同地区、不同人群提供公平的机会，促进整个国家的进步"①。代内公平问题的解决是实现代际公平的前提，在满足当代人对环境资源需要的同时，满足后代人的发展需要，不能以当代人的发展需要为理由剥夺后代人的发展权利，因此，环境可持续必然成为当代人与后代人接续发展的基础。最后，关于和谐价值的认同。人与自然的和谐发展与构建环境友好型社会是现代国家治理的核心任务之一，环境可持续的伦理观强调，我们必须对人与自然的关系采取一种整体主义的立场，以管理系统思想和管理权变思想引导环境治理取得突破性进展，促进人与环境的相互支持，加快形成人与自然共进共荣的生态共同体，最终形成人与自然和谐发展的新格局。因此，环境可持续是环境伦理在尊重自然元价值的基础上形成的价值认同的体现。

二、环境可持续伦理认同的合理性：理论适当性与现实可行性

环境可持续立足于人与自然双向视角，是人与自然和谐共生的伦理观念的体现，已被大家普遍接受和认可。权变思想是"人们在日常生活中根据不同的具体情境进行的道德选择，因而权变在具备合理性的同时也具有耦合性和随意性。将具有耦合情境特征的道德选择提升为社会普遍接受的行为准则，才能真正实现可持续发展环境伦理指导人类实践活动的重要意义"②。环境可持续的价值向度与原则根植于当代人类发展理念，具有伦理认同的合理性，表现为理论适当性与现实可行性。

---

① 余谋昌、王耀先：《环境伦理学》，北京：高等教育出版社 2004 年版，第 340 页。
② 徐海静：《可持续发展环境伦理的认同与构建》，载《理论与改革》2016 年第 3 期，第114 页。

环境可持续伦理认同的理论适当性体现为以下几点。其一，环境可持续具有公平正义的价值取向，环境可持续包含代内、代际、区域、民族，以及经济与环境之间的公平发展，完全符合全人类的价值追求。环境可持续不仅谋求当代人在不同区域与人群间环境利益与环境资源的公平分配，而且注重代际环境资源的延续，同时，环境可持续注重平衡经济与环境的发展合理性，强调经济发展与环境保护并行。其二，环境可持续以整体主义视角看待自然，区分三种价值。首先是自然的内在价值，内在价值由其能够创造生命体而决定。人作为自然界的一部分，必然认可并尊重自然的内在价值。其次是整个生态系统的系统价值。自然界是不可分割的整体，每一个生命体在其中都有其应有的位置和作用，任何生命体都不能脱离自然而独立存在。最后是不同物种间的工具价值，即某一物种以另一物种的生命作为自身存在的前提，这是自然法则，人类只需要遵循着这样的法则并适度利用其他物种的价值来满足自身的根本生存利益，而不应牺牲其他物种的生存权利来满足人类超额的利益需求。其三，环境可持续尊重自然法则与自然规律，当自然给予人类的知识与人类自己构建出来的知识发生冲突时，能够适当调节人类的价值认同，使其始终保持对自然法则与自然规律的尊重，"环境伦理学认为，现在人类所面临的全球性生态危机，是由于人们过度的利己主义和盲目相信科学技术可以解决一切问题造成的，其根本原因在于对自然界缺乏伦理关怀"①。

环境可持续伦理认同的现实可行性不仅体现在理念上，即人们关于环境问题的价值认知，而且体现在将这种理念内化为人的行为活动上。环境可持续所包含的公平性、持续性及共同性被大多数国家认可，各国能够在此基础上制定和形成发展战略，并将这一理念细化到每一项具体的政策与法规中，赋予可持续发展环境伦理观以一定的张力，用以规范管理行为，取得人与自然环境之间的平衡，实现可持续发

---

① 高文武：《可持续发展伦理对环境伦理的超越》，载《理论月刊》2007 年第 9 期，第 33 页。

展的价值目标。环境可持续的理念在现实生活中具有较强的生命力，符合现代社会发展诉求，可作为人与自然和谐发展的价值准则。

三、基于管理权变思想的价值评判：适度性选择下的可持续发展

环境可持续是管理权变思想在环境伦理中的应用。管理权变思想在道德领域具有特殊含义，体现为道德权变，"可以把道德权变界定为：在特殊情境中，人们经过理性思考和衡量，为了避免不必要的利益损失，或者为了维护更大的道德价值，对自己所认可的某项道德准则所采取的背离行为"①。环境可持续是一种道德权变选择，其中的"可持续"体现的是一种关于适度的哲学，是人对经济发展与生存环境两者间的适度性衡量。

环境可持续的价值评判标准基于管理权变思想，且在不同的时期有不同的内容。传统管理时期，管理者以经济利益最大化为目标，将人视为提高生产力的工具。人成为组织这个"大机器"上的某些"零部件"，随着组织的运转而运转，人自身的价值判断完全与管理行为无涉。虽然取得了经济发展的成果，但却忽视了人本身的价值意义。行为科学时期，人际关系在提高劳动生产效率方面发挥着重要作用，管理者在管理活动中重视人际关系的维系，塑造良好的工作氛围，虽然关注到了人自身的价值和感受，但其终极目的仍然是提高生产效率。这两个时期社会的发展选择都偏向于增加经济利益，人自身的发展是无关紧要的或者是从属于经济利益的。权变管理时期，这种情况有所改善，管理者将人自身的价值评判纳入管理选择，认为人的需要不是一成不变的，而是随着外界环境的变化而变化。人自身的需要不仅包括对经济利益的需要，还包括其他层面的、多元化的需要，因此，人的

① 贾新奇：《论道德权变的特征与类型——兼评对待道德权变问题的几种态度和方法》，载《道德与文明》2003 年第 3 期，第 17 页。

需要被放置于与经济利益同等重要的位置上,管理权变思想则在其中发挥着重要的调节作用。衡量一个国家的发展,不能仅仅以国内生产总值为指标。物质的发展是基础,人的发展是目的,人的发展以良好的环境为依托,二者之间既存在矛盾又相互统一。"如果人们在利用自然资源来满足人类需求时,都强调分配公平、利益共享,同时,在获取自然资源利益时都认为需要付出合理的成本或代价,那么,保护环境资源就当然是每个人应尽的责任和义务,这是一个显而易见的道理。"①

在环境伦理中,有一种特别的声音认为,造成环境危机的根本原因不是哲学世界观的问题,而是社会问题,尤其是管理问题,具体来说是管理制度和社会结构问题,"支配自然和贬黜自然导源于存在着特权等级制度和支配制度的社会结构模式,在这样的社会结构中一部分人总是享有支配和统治另一部分人的权利,……而主张来追究造成环境恶化的社会原因以及环境恶化对人所造成的伤害"②,因此,管理的思想、制度、结构、价值对于环境问题的阐释、处理、解决都至关重要,是环境伦理中不可或缺的重要视角。不仅如此,管理更是环境可持续适度性价值选择的关键点,犹如在天平的两端寻找一个平衡的支点,一端是经济利益,一端是良好的生存环境,在管理权变思想指导下可以始终保持二者的平衡与进步,进而实现人类社会可持续发展的价值目标。

第三节　环境可持续的管理困境

环境可持续面临着一定的管理困境,包括管理活动中普遍存在的

---

① 李丽丽:《可持续发展的环境伦理思考》,载《科技创新与应用》2016 年第 30 期,第170 页。
② 李培超:《伦理拓展主义的颠覆:西方环境伦理思潮研究》,长沙:湖南师范大学出版社 2004 年版,第 162 页。

"不计代价谋发展"思想观念、人化自然的形成及在此基础上自然法则的更替与管理的失序、环境管理的公共性价值缺失导致环境可持续的不可持续问题等。

一、"不计代价谋发展"的管理悖论

现代工业社会的经济增长方式对环境伦理价值基础提出挑战，"不计代价谋发展"的管理观念对人类赖以生存的自然环境造成严重破坏，这种观念产生的深层根源在于管理思想与管理方式在规约主流价值意识与价值判断方面的偏颇与不足。管理是人的社会性行为，自国家产生从来，管理活动就开始了。社会契约论者认为，人们将自身的一部分天赋权利让渡给国家，由国家建立统一的管理制度以保障人们的天赋权利不受侵犯是国家管理行为的终极目的。从环境伦理的角度来看，管理活动在解决环境问题上的作用或受重视程度远远不够，且在一定程度上导致环境危机加剧，使人的基本生存权利受到挑战。

不可否认，经济的快速增长为人类带来物质满足，改善了人们的生活，但同时也造成了环境污染和环境危机，触及人类生存的底线。因此，"不计代价谋发展"的管理观念必须予以纠正。管理任务之一是保障人们各项基本权利不受侵害，而生存权利又是其中最基本的权利，不顾人的生存权利谋发展本身就是一种悖论现象。"发展主义指称这样一种意识形态，即认为经济发展是社会进步的先决条件，随着经济的持续快速增长，所有的社会矛盾和社会问题都将迎刃而解。在这种意识形态指导下，大多数发展中国家自觉或不自觉地走上了'先增长后分配'的发展道路。"①发展主义意识形态造成了环境破坏与自然资源的不可持续，引发人们关于现代工业文明道德基础的反思。一

---

① 郁建兴、何子英：《走向社会政策时代：从发展主义到发展型社会政策体系建设》，载《社会科学》2010 年第 7 期，第 21-22 页。

方面,随着现代科学技术的发展,人们对于工具理性的崇拜淹没了价值理性,甚至将道德问题置于经济发展之外。人的物质需求得到满足的同时,其道德伦理也被淹没在物质欲求中。另一方面,伦理学范畴往往将人与自然的关系排除在外,认为自然不具备道德基础,只是人类用以满足自身各种需求的"资源库","人与自然的关系应被视为一种由伦理原则调节或制约的关系——这种观点的产生是当代思想史中最不寻常的发展之一"①。这是环境伦理的当代贡献,它不仅满足于理论上的合理性,还着眼于实践中的恰当性。在环境伦理的指导和规范下,关注环境保护成为解决贫困问题、公正问题以及援助问题的核心思想,而不是经济增长。环境可持续为新型发展模式构建提供合理内核,"这就是可持续发展伦理观。它对生态中心主义与现代人类中心主义都有所扬弃。这是一种理论上更为完善的伦理体系,也是一种理论与实践具有内在一致性的伦理体系"②。经济增长要与可持续发展相结合,在环境伦理范畴内谋求人与自然的和谐发展,谋求人的物质层面与精神层面的共同发展,在探索人的自由而全面发展内涵与路径的同时,不抛弃对人的基本生存家园与生存环境的关切。管理价值始终围绕人与人、人与社会、人与自然的关系展开,结合环境伦理关照,推进自然与人类社会的可持续发展。

二、人化自然下自然法则的更替与管理的失序

自然是人的实践活动对象,随着人类主体意识的觉醒以及工具理性对人类理性认知的遮蔽,人化自然的程度逐步加深,自然的存在意义逐步转化为为满足人类的物质利益而服务,自然法则为人类的管理方式所替代。当人对自然的索取行为完全不受自然法则支配,而仅仅

---

① 纳什:《大自然的权利:环境伦理学史》,杨通进译,青岛:青岛出版社 1999 年版,第 3 页。
② 徐嵩龄:《论现代环境伦理观的恰当性——从"生态中心主义"到"可持续发展"到"制度转型期"》,载《清华大学学报(哲学社会科学版)》2001 年第 16 卷第 2 期,第 57 页。

依靠以工具理性为核心的管理规则时,不仅导致人在自身发展方面上的异化,而且造成人化自然下自然法则的被淹没与管理的失序,"确立自然价值的客观性的意义不是要将人类从大自然中驱逐出去,而是要改变人类对大自然的非道德意识,即由控制自然转变为遵循自然。罗尔斯顿虽然并没有给出遵循自然这一概念的确切含义,但是他实际所指主要是人应按自然规则来生活"①。

从价值论意义上考察人与自然的关系,强调人要主动融入自然,而不是置身于自然之外。人若要融入自然,就必然要遵循自然法则,这种遵循不是指传统时期人对自然的依附,而是人发自内心的对自然的尊重。由此构建起的环境伦理的评价尺度,不是基于人类社会性行为的管理规则,也不是基于人的需要,而是基于自然本身的内在价值,也就是说,人作为自然的道德代理人表达自然的内在价值。三种环境——城市、郊区和荒野,为人提供了三种事业:文化、农业和自然,对人的幸福来说,这三种环境都是需要的,而这三种事业也是需要有人来从事的。② 无论在哪一种环境下,人都要遵循自然法则,如果以管理规则取代自然法则,加之现代工业社会下管理活动追求经济无限增长的特征,则必然会对自然环境造成破坏,最终反噬人类自身。在这个过程中,管理是失序的。因此,必须纠正和重建现代工业文明的道德基础,确立自然的道德权利,在充分尊重自然法则的基础上,对自然进行合理开发,保护自然环境。与此同时,管理活动在现代社会的制度、规范、意识形态等方面将环境伦理纳入考量,形成"有价值的发展",即可持续发展。"人类是从自然界中分化出来的高级的、社会性的存在物,由于人始终是自然界的一部分,其生存和发展既离不开自然又必须占有和改造自然,因此人作为自然的产物又与自然相对立,结成了人与自然的对立统一关系,这种关系成为人与人以及人与其他一切事

---

① 李培超:《伦理拓展主义的颠覆:西方环境伦理思潮研究》,长沙:湖南师范大学出版社 2004 年版,第 126 页。
② 罗尔斯顿:《环境伦理学:大自然的价值以及人对大自然的义务》,杨通进译,北京:中国社会科学出版社 2000 年版,第 53 页。

物相互关系的基础。"①自然法则的作用不可替代,无论是"自在自然"还是"人化自然",自然法则始终影响人类行为。管理者制定管理规则与管理政策必须以不侵害自然法则为前提,结合人的生存现实与社会发展结构,还应确立尊重自然、保护环境的伦理价值观念,赋予环境伦理以实践价值,在人类的实践活动中纠正错误导向,以实现人的自由而全面的发展为目标。"当我们使用'事件的自然过程'这一概念时,我们所关注的,与其说是关于人服从自然规律的科学观点,还不如说是自然过程与人工的、人为的过程之间的差别"②,这种差别的价值和意义在于人类的自省与管理纠正。

三、环境管理的公共性价值缺失

"环境问题是具有文化、价值、实践和制度公共性的大问题。"③人类的生存依托于环境,或者说人类的长远发展取决于人类对待环境的态度,所以环境问题在人类及人类社会的发展过程中占有重要的地位和价值。环境伦理在发展过程中,依据人的价值观念、管理方式与具体环境关系的变化,最终指向人类生存与合理生产方式的终极价值。全球环境伦理学关于理论范式与实践策略的争论,其实质是对环境公共性问题的关切。④ 在环境问题上,不同国家、不同地域、不同民族、不同文化的人所持有的具有普遍性的价值观念关涉人类整体生存的最优选择。

目前,从全球范围来看,人们似乎就可持续发展观在一定程度上

---

① 盛雪仪、王飞:《马克思"人化自然"的实践维度及其生态意蕴》,载《中共云南省委党校学报》2021年第1期,第38页。

② 罗尔斯顿:《环境伦理学:大自然的价值以及人对大自然的义务》,杨通进译,北京:中国社会科学出版社2000年版,第47页。

③ 袁祖社:《环境公共性价值信念与美好生活的全生态考量——实践的环境伦理学的当代视野与范式创新》,载《道德与文明》2020年第6期,第26页。

④ 袁祖社:《环境公共性价值信念与美好生活的全生态考量——实践的环境伦理学的当代视野与范式创新》,载《道德与文明》2020年第6期,第26页。

达成了共识,但在实践中却往往存在碎片化的环境治理问题。环境可持续观念中存在着不可持续问题,这同时说明了环境管理的公共性价值还有待加强与完善。从现实生活的角度来看,人类往往处在个人利益与公共性价值的选择之中,为了平衡二者,除了发挥伦理作用之外,还应积极发挥国家治理的作用。环境问题既涉及个人利益,又涉及公共性价值,即人与环境是一体的,某些人因为谋取个人利益而破坏了环境,反而需要所有人一起承担后果,这在管理哲学看来就是不正义的。笔者认为,公共性价值伴随着人类历史发展进程中人性本质的不断善化,实质性内容包括实现人类福祉等根本性诉求,借助管理制度的不断完善而得以实现。管理制度的不断完善也是制度公共性的体现,其中蕴含管理公共性价值。在普遍性的管理公共性价值引导下,形成整体性、系统性的环境管理制度逻辑,纠正环境不正义行为,有效化解个人利益与公共性价值的冲突与矛盾。作为一种评价社会制度的道德评价标准,可持续发展的环境正义关注人类的合理需要、社会的文明和进步,其主要含义包括:一是要求建立可持续发展的环境公正原则,实现人类在环境利益上的公正;二是要求确立公民的环境权。① 在此基础上,融入管理公共性价值,充分体现对公共性价值的认可,既尊重环境、保护环境,又能正视环境问题。现代国家治理基于全球化意义上的公共性价值理念,承认环境问题对于人类生存与发展的重要意义,因此,亟待建立一种更加全面、系统,全生态、全领域、全过程的环境伦理体系,以提高全人类福祉。环境问题比其他任何问题都越来越具备全球化的特征,越来越需要整体性的处理方案。公共性价值规定了当代全球化意义上的环境伦理学的内在边界,是环境伦理学范式确立的重要标志。因此,在面对环境问题时,环境伦理的本质规定性即公共性价值不可或缺,否则人类将陷入"自私"的泥沼而无法自拔,并将失去生存的本真意义。

---

① 王南林:《可持续发展环境伦理观》,《光明日报》2002 年 1 月 22 日,第 B04 版。

本 章 小 结

环境可持续是一种基于管理权变理论的,试图解决代内与代际环境资源分配问题的环境伦理观。1972 年的联合国人类环境会议将环境可持续作为各国未来发展的方向之一。在长久以来对于环境可持续的探讨中,薄弱的伦理基础被视为其"不可持续"的重要原因。环境可持续是环境伦理与管理权变理论结合后发展出的适度性发展模式。这种发展模式将不断克服管理活动中的各种困境,为解决全球性环境问题提供最优解。

第五章　管理哲学视域下
环境伦理作用及其实现路径

　　环境伦理对现代管理学的发展具有重要的作用和价值意义,也是对环境伦理困境的有效回应。现代工业社会背景下的管理学主张"效率至上",崇尚工具理性、发展主义,造成管理价值观的片面化与单一化、管理责任的缺位以及管理制度的外生导向,这些管理问题同时主导了环境价值认知并导致了日益严重的环境危机。现代管理学在对此反思批判的基础上,结合环境伦理的核心思想与观念,形成整体主义管理价值观和公共性指向的管理责任,赋予制度伦理以内生价值,赋予环境治理以政策协调性与连贯性,共同作用于管理活动的全过程,形成"人与自然和谐发展"观念观照下的现代管理模式,进一步促进环境伦理与管理哲学的融合,以管理这种有目的的控制性活动约束与改进人们在处理环境问题中的观念与行为,以环境伦理的内生价值引导管理活动,在妥善处理环境问题的同时更加注重人的生存与发展。

第一节　环境伦理对整体主义管理价值观的塑造

　　环境伦理强调人与自然的系统性、协调性与有序性,采取整体主义的方法论原则,该方法论原则能够有效纠正资本逻辑驱动下管理运行方式的片面化与单一化。单纯强调效率与经济增长的单向度发展方式给环境带来沉重负担,同时给人类的生存与发展带来巨大挑战。人类必须改变这种单向度的发展方式,融入多向度的发展路径以形成整体主义的管理价值观念。

一、资本逻辑驱动下管理运行方式的反思

现代化通过工业化和城市化的生产与生活方式改变了传统社会的管理价值观念,形成资本逻辑驱动下"利益至上"的管理运行方式。资本逻辑驱动下的管理运行方式以效率为核心,以物质积累和经济增长为最终目的,忽视人的主体地位,无节制地向自然索取资源用于扩大生产、获取更多的物质利益。这个过程严重加剧了环境负担。随着现代化进程的迅猛推进,环境问题越来越凸显,由地方性的、个别性的问题逐渐转变为全球性的、全人类的危机。环境危机的出现迫使人们不得不反思现代化生产与生活方式下的管理运行方式和在资本逻辑主导下出现的全生态系统异化现象。

资本逻辑存在于人类社会,环境问题的出现是人类普遍推崇资本逻辑的后果。资本逻辑产生的根本原因是人类的个体化视角与对生命的狭隘认知,表现为只关注个体生存而忽略人与人、人与自然之间的整体联系。"从大背景来看,环境伦理学快速发展的深层原因是后现代社会对于现代社会的一种自觉的扬弃,被'理性人'之经济利益支配的现代社会的隐疾在二战后的资本主义社会集中地爆发"[1],人类普遍在资本逻辑的束缚下只考虑眼前利益,从而忽视长远利益,陷入不计代价谋取经济利益的"深渊"。从内在的角度考虑,一些学者认为问题的根源在于现代社会人类的道德滑坡,或者缺乏在环境方面可有效约束人类行为的伦理规则。从外在的角度考虑,管理缺位或者管理价值的偏颇是产生这一问题的直接原因。内在因素与外在因素存在

---

① 孙亚君:《"放任自然"还是"优化自然"——论个体主义与整体主义关于环境管理的张力与合力》,载《科学技术哲学研究》2020 年第 37 卷第 6 期,第 101 页。

相互耦合的关系:科学、有效的管理活动可确保环境伦理规则的顺利执行,环境伦理可为管理活动补充环境保护维度的理论基础。虽然环境伦理有不同的学派,但是众多学派之间有一点是共通的,就是在价值论层面,无论是生命中心论还是生态中心论,无论是大地伦理还是动物权利论,都对资本逻辑驱动下"利益至上"的管理运行方式持反对态度,对现代性的反思是环境伦理产生的前提。"现代环境伦理观的缺失对政府制定行政制度、规章和政府行为方式会产生巨大影响。"①追求个体利益是合理的,但是当个体利益与群体利益、局部利益与整体利益发生冲突时,如何取舍与选择则受个体价值观念的影响。个体价值观念的形成离不开社会伦理道德规范与管理价值观对个体的塑造,这就在无形中将环境伦理与管理紧密结合在一起,二者共同约束人类的行为活动,帮助人类不断形成尊重自然的道德观念。物质利益是人的需要之一,物质利益至上则会导致人的价值选择出现偏颇。只有关注人的整体需求,即在关注物质利益的同时,重视人类生存环境,尊重自然,维系好人与自然共生共荣的关系,人类才能有更为长远的发展。在这个价值选择过程中,环境伦理在规范管理运行方式、改变"效率至上"管理价值观方面发挥重要作用。从环境伦理的角度反思资本逻辑驱动下的管理运行方式,将环境伦理价值观念融入管理活动的全过程,将有效改善现代工业社会背景下人与自然相互对立的关系,建立人与自然和谐发展的整体观念。

二、环境伦理整体主义方法论的运用

环境伦理的整体主义方法论是建立在个体主义实践困境反思基础之上,是环境伦理的重要方法论原则。环境伦理的整体主义思想强调人与自然之间的系统性、有序性与协调性,将生态作为一个整体进

---

① 王瑜、许丽萍:《关于环境伦理的行政思考》,载《长春市委党校学报》2014 年第 5 期,第 26 页。

行考量,这种方法论原则可以追溯到古希腊时期的有机整体论。从爱奥尼亚学派泰勒斯(Thales)的"水本原说"到亚里士多德(Aristotle)的"四因说",贯穿着对自然整体观的朴素认知,即将自然看作是一个"自主的、有自我感觉的,按一定秩序运动着的、充满智慧的有机整体"①。这一时期的自然占据"绝对神圣"的地位,人们尊重自然、善待自然并遵循自然法则的支配。到了文艺复兴时期,随着近代哲学体系的建立,人们对自然的认知有了一些变化:自然不再属于神秘而不可认知的范畴,而是依据人类生存目的而存在的——自然退去了神秘面纱而被客体化了。随着现代科学体系的建立与发展和技术理性的不断扩张,自然客体化程度不断加深,自然被机器化,人类中心主义思想主导着人与自然之间的关系,直到环境危机出现,人们才开始反思个体主义观念将自然机器化的弊端。

从宏观的层面看,环境伦理的整体主义是指将人与自然作为一个生态整体进行考量,整体内的各个主体之间相互联系,密不可分;从微观的层面来看,环境伦理的整体主义是相对于生物个体而言的。西方主流伦理观强调个体的自由与权利,这一点可以从边沁、密尔、康德关于道德的学说中得知。近代的环境伦理继承了这一传统,在考虑动物、植物所应具备的权利时,环境伦理所指向的都是个体。例如,对某一个体施加伤害,只有该个体会感觉到痛苦,而该个体所在物种并不会感觉到任何痛苦,"就像康德把权利确立为个人的权利一样,动物的权利也只能是动物个体的权利"②。西方伦理学中的个体主义在实践中遭遇了困境。首先,它无法解决人与动物之间发生权利冲突时的优先级问题。如果每一个物种都拥有与人类同等的道德地位和生存权利,那么人吃肉、去动物园观赏动物都是侵犯动物权利的行为。其次,根据个体主义,当自然发生任何变化时,人类都不能干涉其中,人类必

① 张敏:《环境伦理学的生态整体论方法论原则》,载《白城师范学院学报》2007年第21卷第1期,第4页。
② 韩立新:《论环境伦理学中的整体主义》,载《学习与探索》2006年第3期,第26页。

须顺从自然的任何发展和变化,这同样是不合理的。因此,个体主义的环境伦理并不能起到保护环境的作用。整体主义是对个体主义的修正。整体主义与个体主义最根本的差别在于个体的意义是不是只有在与整体发生关系时凸显,"整体主义的道德关注点主要在自然系统整体和内在关系上,这让个体主义者担心"①。从利奥波德的大地伦理学说到罗尔斯顿的自然价值论再到奈斯的深层生态学,都是对环境伦理整体主义思想的继承与发扬,以整体主义方法论原则处理人与自然的关系,才能实现环境伦理的价值和目的。"生态整体主义之'整体性'主要体现于整体主义的世界观和认识方法之中。同时,生态整体主义也具体呈现为生态整体主义的自然观、价值观和道德伦理观,这涉及对道德主体、价值主体等范畴的整体主义的认知和解释。"②环境伦理整体主义方法论能够克服个体主义与主客二元对立等观点的弊端,形成基于环境伦理道德基础上的整体主义价值观。

三、整体主义管理价值观的形成

　　环境伦理整体主义的合理性对现代管理价值观产生重要影响。管理是一种有目的的控制行为,其目的性中隐含价值观导向。资本逻辑下"效率至上"的管理价值观是片面的、单向度的,在对环境伦理的不断阐释和理解的过程中,整体性逐步融入管理价值,形成现代整体主义管理价值观。该价值观不仅指向环境管理整体主义价值观,而且指向包括环境管理在内的普遍意义上的管理价值观,当然,在环境管理中这种整体性体现得更加明显。

　　环境伦理整体主义方法论是在人与自然关系恶化、环境危机日益显现的时代背景下产生的,是人对现代管理下如何处理和对待人与自

---

　　① 雷毅:《环境整体主义:争议与辩护》,载《南京林业大学学报(人文社会科学版)》2012年第12卷第3期,第1页。
　　② 王野林:《生态整体主义中的整体性意蕴述评》,载《学术探索》2016年第10期,第14页。

然关系的问题的回答。与其说是人们在为自然的解放而努力,不如说人们仍在为解放自身而努力。环境危机的后果最终是由人类自身获得痛苦体验,因此,人的自我拯救与保护生态环境本就是互为因果的关系。无论从哪一方面解释这一问题,其最终结果都将指向人类自身,即关于人类可持续性生存的问题。

利奥波德以大地共同体的概念敦促人们改变征服自然的观念,认为人们应自觉承担保护自然的义务;罗尔斯顿强调自然价值与自然权利,主张人们应承认自然的价值主体地位,尊重自然,从而保护自然;奈斯认为通过"最大化自我实现"或可达到人与自然的"最大化共生"。环境伦理的整体主义思想核心是人与自然构成一个完整的系统,认为只有先解放自然,才能解放人类自身。因此,管理者需要将整体主义作为管理行为的价值导向,以有效解决现代社会的片面化弊端。在环境问题方面,现代管理可采取整体主义价值观,一方面能够有效化解目前已经存在的环境问题,比如环境不正义、环境污染、资源匮乏等等。整体主义管理价值观将赋予环境管理以全新的视角。另一方面能够影响人类对人与环境关系的认知。

人与环境是一个整体,是不可分割的,个体的意义只有在整体中才能体现,同样,个体利益应服从整体利益,整体利益在先,个体利益在后。因此,个体不能为了满足自身利益而损害环境利益,更不能为了满足个体利益而损害人类整体利益。"生态整体观强调事物的相互联系、相互作用和相互依赖的整体性,主张整体决定部分而不是部分决定整体,认为部分的性质是由整体的动力学性质决定的。"①整体主义管理价值观要求以整体的、系统的、全面的视角考察现代社会运行与人类生存秩序,形成"以人为核心"的社会发展方式,解决环境问题,化解环境危机,最终实现人的自由全面发展。整体主义管理价值观迎合现代国家治理理念,将整体内各部分的有机联系贯穿于管理活动全

① 李爱年、陈程:《生态整体观与环境法学方法论》,载《时代法学》2008 年第 6 卷第 4 期,第 5 页。

过程之中,进一步提升国家治理能力。"生态整体主义在方法论方面的普遍意义在于,它是在一个最具整体性的世界和最具有机性的世界——自然系统和生命世界中叙说和演绎整体性和有机性,以此,它的论证和模型建构就具有不可或缺的奠基性和正当性意义"①,整体主义管理价值观在环境伦理整体主义方法论的影响和作用下得以形成,用以指导后现代时代的管理运行方式与人类行为模式。

第二节 环境伦理确立公共性指向的管理责任

人与自然之间存在道德联系,人对自然同时具有保护的责任与维持其发展的义务,现代管理学在某种程度上必须承认和强化这一认知。环境伦理对环境问题具备公共精神,持有人与自然为一个整体的公共价值认知,这一公共性指向对于扭转个人利益原则至上的管理价值观有重要的作用与价值。

一、管理哲学对环境道德责任的再认识

环境伦理的研究对象是人与自然之间的道德关系,并且认为这种道德关系最终反应在人与人之间的道德关系上,这一点在现代管理学中体现得尤为明显。在环境伦理提出之前,管理哲学并不认为人与自然之间存在道德关系,认为二者间仅存在索取关系,始终将自然视为为人无限地提供生产和生活资源的载体。环境伦理的出现改变了这一认知,使得人们重新审视管理活动中人与自然的道德关系。"所谓人类与自然的道德关系,包含两个相联结的方面:自然对人类的价值

---

① 王野林:《生态整体主义中的整体性意蕴述评》,载《学术探索》2016年第10期第18—19页。

与意义,人类对自然的权利与义务"①,管理哲学主张将自然对人类的价值与人类对自然的义务和责任两者有机结合于管理活动之中。管理的本质是使人有组织地劳动、活动,这种有组织性的劳动、活动是人与自然产生特定关系的途径。因此,管理活动的价值与责任指向在人与自然之间应该确立一种什么样的关系方面至关重要,不仅在对自然的管理全过程中发挥作用,而且在人与自然相互作用产生的结果中也有决定性作用。也就是说,管理在人与自然确立道德关系的全过程中都是"在场"的,并且起到决定性作用。

为了确立人与自然之间的关系、凸显环境伦理价值、解决环境危机,管理哲学有必要重申对环境道德责任的再认识,即承认自然对人的价值、认可人对自然负有一定的义务与责任。环境伦理本身包含这样的价值旨趣,其对于现代管理学的影响首先在于使之认可人与自然之间存在道德联系这样一个价值前提,其次通过影响管理制度与管理方式改变与规范人类的行为模式,最后引导这种管理模式内化为人的普遍活动方式。"环境管理的目的就是通过对可持续发展思想的传播,使人类社会的组织形式、运行机制以至管理部门和生产部门的决策、计划和个人的日常生活等各种活动,符合人与自然和谐的要求,并以规章制度、法律法规、社会体制和思想观念的形式体现出来。"②环境管理是现代管理学中体现人与自然关系的一个分支,实际上,环境伦理对现代管理学的影响是全方位的,不仅能够有效纠正管理活动中片面追求经济利益与效率的问题、破解管理活动中人的"主体客体化"现象,而且或可解决人类面对现代环境压力下各种生存问题的制度化偏离。这种制度化偏离的出现往往是由于管理行为缺乏环境伦理视角。因此,管理哲学与环境伦理的有效结合不仅是解决环境危机的必

---

① 李培超:《中国环境伦理学的十大热点问题》,载《伦理学研究》2011 年第 6 期,第 84 页。

② 白强:《环境管理与环境伦理协调关系研究》,载《环境科学与管理》2009 年第 34 卷第 12 期,第 23 页。

要手段,更是纠正现代社会工具理性弊端的重要措施。

　　环境伦理对管理哲学产生的重要作用与影响是非常具有时代价值的,任何管理行为都不能脱离环境道德责任的引导。人与自然的关系是人与人、人与社会关系的反映,故笔者认为,探索人之真善美才是环境伦理要达到的最终目的,人们能够通过管理活动进行价值引导、制定行为规范和制度政策,促使人们不断发现真善美,实现人与自然的和合共生。

二、环境伦理的公共性意蕴阐释

　　环境伦理的公共性体现在两个层面:其一,在精神层面表现为公共精神,即人与自然为一个整体的公共价值认知;其二,在实践层面表现为公共参与,即在面对环境问题时,不同国家、民族的人都要参与环境治理,才能取得较好的治理效果。

　　环境伦理的公共性意蕴可以从两个层面理解:一方面是指自然环境不是某个人的私属"物品",自然环境具有公共属性;另一方面是指人类对待自然环境的公共性行为,即在环境伦理引导下产生的对环境具有积极影响的人类行为。环境管理常被认为是人管理自然的行为,实际上环境管理是人"对与环境密切相关的社会行为的调整与修正",包括人与自然的关系、与环境密切相关的人与人的关系及自然生态关系。[1] 环境管理虽然主要针对具体的环境问题,但实际上与国家整体的管理价值、行为方式息息相关。在环境正义、环境关怀与环境可持续问题上,仅仅着眼于环境管理显然是不够的,还需关注一般管理行为。"在实践的历史的唯物主义自然观的理论视野之下,才能够确立'自然向着人的生成'的价值概念"[2],这一价值概念蕴含着"自由自

---

　　① 白强:《环境管理与环境伦理协调关系研究》,载《环境科学与管理》2009 年第 34 卷第 12 期,第 22 页。
　　② 郁乐、孙道进:《试论自然观与自然的价值问题》,载《自然辩证法研究》2014 年第 30 卷第 9 期,第 113 页。

觉"的实践基础及人与自然历史的、辩证的生成进程,超越了人类中心主义与非人类中心主义关于人与自然二者中谁为中心的问题的争论。在环境伦理的公共性视野之下,人的价值认知与实践行为方式的公共性得以生成,从而引发人类对环境的积极行为,促使人与自然的关系更具公共性意义。环境伦理的公共性意蕴促使管理哲学更具公共性指向。环境问题本身具有非排他性的特点,任何人都不能独自占有自然环境。例如,空气污染从不是某一个人或某一个群体的特有问题,随着空气的流动,污染将会影响更多的人,由此可知,类似的环境问题及其治理都不具有排他性,是全人类共同面对的问题。此外,环境伦理的公共性在更广的范围内影响着人与人、人与社会的关系。公共性的核心议题是公平正义,无论是在人与自然的关系上,还是在人与人、人与社会的关系上,对公平正义的讨论都表现得非常突出,"环境问题的解决,依赖于社会的公平正义、社会的合理秩序"①。环境伦理的范式变革与理论需要在优良的生态共同体的创制、新发展理念的引领与规制下探索公共性价值意蕴②,这是现代环境伦理与管理哲学融合的新进路。

三、公共性指向的管理责任的确立

环境公共性是环境伦理现代价值重要的内涵,其原因在于,环境是承载着人类生存与生活的基础,且人类关于环境问题的认识将决定人类是否能够延续,集中体现为公共性指向的管理责任的确立与落实。环境伦理的公共性具有共有性、不可分割性、普惠性、非排他性等特点,环境伦理的公共精神与公共参与通过管理活动塑造,即管理者通过管理行为使人们形成关于环境问题的普遍价值认知,并在处理环

① 费多益:《环境价值:寻求公共的实践理性》,载《自然辩证法研究》2000年第16卷第1期,第18页。
② 袁祖社:《环境公共性价值信念与美好生活的全生态考量——实践的环境伦理学的当代视野与范式创新》,载《道德与文明》2020年第6期,第31页。

境问题时普遍参与，由此，形成具有公共性指向的管理责任。管理责任是管理者对其实施的管理行为所导致的后果的承担，环境伦理的公共性意蕴为管理责任确立了公共性指向。

环境伦理是探讨当下人与自然和合共生、整体优化发展的伦理范式，公共性是其题中应有之义。环境伦理对管理的影响是全方位的，不只体现在环境管理方面。环境伦理的公共性意蕴进一步加强了管理的公共性认知，体现为公共性指向的管理责任。首先，公共性指向的管理责任指向全范围、全流程、全关系的管理责任的确立与落实，秉持整体主义管理价值观，在追求经济增长的过程中维护公平正义，构建人们追求幸福美好生活的环境基础。其次，公共性指向的管理责任关注个人利益与公共利益的权衡。个人利益与公共利益之间往往存在着一定的冲突与矛盾，如何调和这一矛盾成为管理的重要任务之一。最后，以治理和善治的理念探讨公共性的价值内涵，形成多元主体共同参与下管理责任的共建、共担。"'公共性'是一个哲学概念，它强调在个性自由全面发展基础上的人的深层链接，这种链接包括人们利益上的共享、价值观上的一致乃至命运上的休戚与共"①，公共性指向的管理责任确立的前提是对人的环境权利的认可，即承认人拥有享受美好生活与生存环境的权利，这一观点在 1972 年的《联合国人类环境会议宣言》中有所体现，一些学者认为该宣言是人权发展史上的"第四个里程碑"。基于人们享有的权利，在维系和保护这一权利的过程中人们应负有相应的管理责任。鉴于公共管理是一种以实现公共利益为目的的行为活动，其公共性在管理主体、管理价值观、管理手段、管理对象等方面均有所呈现，因此，在环境伦理公共性融入管理的全过程中时，能够改变资本逻辑下管理的"单向度"运行模式，确立以公共性为指向的管理责任。

环境伦理在一定程度上填补了管理现代性中对伦理价值与公共

---

① 丰琰：《当代中国"公共性"问题及建设路径研究》，载《马克思主义哲学》2021 年第3 期，第 104 页。

性指向的责任义务需求的匮乏,换句话说,管理现代性中的工具理性、技术理性等导致了管理责任呈现单一性的特征。环境伦理在弥补传统伦理的部分不足的同时,改变了管理责任的单一取向,使管理活动不再仅仅是获取经济利益的工具,而是与广大人民群众的生产与生活息息相关。公共性指向的管理责任主要有以下特征。首先,公共性指向的管理责任具有多元性。现代工业社会背景下的管理责任具有一定的单一性特征,即"效率至上",片面追求经济增长,但是经济增长并不等同于经济发展,也不会带来社会的普遍进步。现代社会发展呈现多元化趋势,经济是基础,公平正义等是人精神层面的追求。其次,公共性指向的管理责任是一种价值理性。公共性的复归与强化是解决现代管理诸多弊端的重要手段,价值理性在其中发挥核心作用。最后,公共性指向的管理责任具有空间交互性。从管理空间的角度来看,公共性指在一定的空间域内,各相关主体之间相互联结组成复杂的空间网络,在这个空间网络中,各相关主体彼此相互构成、相互制约,形成公共意识,"所谓公共性,即政府产生、存在的目的是为了公共利益、公共目标、公共服务以及创造具有公益精神的意识形态等"[①]。

第三节　环境伦理完善制度伦理的内生价值向度

制度伦理主要调节人与人、人与社会的关系,一般不关注人与自然的关系。环境伦理为制度伦理补充了人与自然关系视角,从而进一步完善了制度伦理,使其在经济与生态问题上,以实现人们对美好生活的向往与需求为导向,帮助管理者合理制定和实施管理决策。

---

① 祝灵君、聂进:《公共性与自利性:一种政府分析视角的再思考》,载《社会科学研究》2002 年第 2 期,第 7 页。

一、制度伦理范式中人与自然关系视角的缺失

制度伦理包括制度伦理化与伦理制度化双重含义①,制度本身的特征在于其客观性与外在规范性。随着经济社会发展以及现代社会关系的转变,仅仅依赖制度的外在规范性调整政策的效果是有限的,社会道德作为一种向内的力量必然以新的方式呈现其内在规范作用。制度伦理化是指以社会道德为要求与标准建立制度,伦理制度化是指将人们业已形成的行为习惯、道德准则等固定下来以制度的形式呈现。制度伦理在一定程度上弥补了制度本身在内在约束性上的不足,仅仅从市场与社会的角度探讨制度伦理的内在约束性是不够的,环境问题是其中不能忽视的重要维度,因此,环境伦理为制度伦理加强与完善其内生价值与内在约束性提供了重要视角。

"总之,随着经济、社会发展和人本身发展这一系列根本性的转变,道德进步必然获得新的形式,道德建设理应有新的突破。"②制度伦理的首要内容是制度公正,罗尔斯认为,正义是社会制度的首要价值,正像真理是思想体系的首要价值一样。公平正义是制度的首要价值,任何制度的制定都不能脱离这一维度。制度在处理人与人、人与社会的关系时,首要考虑的是公平正义问题,其次才是效率问题,这也是制度伦理所要达成的真正目的。笔者认为,制度伦理的核心是制度自由。自由是人的本质追求,作为人为性活动的制度必然要以实现人的自由发展为主旨,实现人的自由发展需要通过制定制度来赋予人某种权利,这种权利是有关于人的自由性与独立性的,是不容侵犯的。制度伦理的价值目标是制度平等,制度平等是指在制度作用范围内保障人的权利与义务的平等以及程序意义上的机会平等。权利与义务的平等指在每个人所享有的基本权利与所承担的基本义务平等的基

---

① 何颖:《制度伦理及其价值诉求》,载《社会科学战线》2007年第4期,第37页。
② 方军:《制度伦理与制度创新》,载《中国社会科学》1997年第3期,第55页。

础上追求个人幸福的正当性,且在不损害他人利益、集体利益以及公共利益的前提下,所获得的个人权益的正当性与合理性。机会平等指在程序正义的前提下,人人有机会参与发展过程、人人有机会享有发展成果,且机会是平等的。"一个致力于平等的社会应该把重点放在机会平等上,机会不平等是社会不平等的最深刻根源"①,机会平等是制度保障下人的普遍价值追求。目前,人们所关心的制度伦理,是在阐释人与人、人与社会关系的范畴内来探讨制度公正、制度自由与制度平等的,然而在人与自然的关系问题上,制度伦理的解释力被弱化了,而制度作为解决环境问题、化解环境危机的重要工具,在面对人与自然关系时必须具备一定的解释力才能有效处理人与环境的关系问题。制度伦理在一定程度上致力于赋予制度以一定的价值正当性,意图通过内在约束性伦理维度弥补制度的外在规范性与客观性的不足。在处理目前经济社会发展中效率与公平的关系问题时,其效果较为显著,但在面对人与自然之间的关系问题时,其效果有限。因此,环境伦理对于制度伦理进一步完善其理论体系与增强其内生价值具有重要的影响与作用。

二、环境伦理的内生价值导向

环境伦理的直接调节对象是人与自然之间的关系,最终目的是实现人与自然的和谐发展。在人与自然二者之中,只有人具有主观能动性。在主张自然本身具有权利与价值的基础上,环境伦理发挥作用的前提是促使人们承认这一客观存在的价值范畴,因此,环境伦理具有基于人本身产生的内生价值。"环境伦理学定位于问题意识与应用导向,是因为环境问题本身是植根于现实世界的生产实践与利益博弈的具体问题,其产生的根源与解决的障碍均与具体的经济政治制度有密

---

① 何颖:《制度伦理及其价值诉求》,载《社会科学战线》2007 年第 4 期,第 40 页。

切关系"①,环境伦理与制度伦理以此建立联系,并在环境伦理与制度伦理相互融合的过程中,影响和作用于制度。

环境伦理是在面对并解决环境问题基础上产生的面向实践的伦理准则,是一种新型的道德观念和价值体系。环境伦理从思想认识、价值评判、文化精神、道德准则等方面重新确立人与自然、经济与生态之间的关系,赋予人们对这些关系以新的理解与道德认知。② 环境伦理的内生价值具有一定的主观性,它完全基于人们对待自然的态度产生并解释人与自然之间应该呈现为何种关系,进而将人与自然的关系反映在经济与生态的关系上,基于人的内生价值诉求形成表征,并作用于人的行为。环境伦理主要探讨环境正义、环境关怀、环境可持续等议题,都是从人的主体性与主观能动性角度出发,从内生关系维度探讨人与自然的和合共生,寻求人类长久生存的环境基础,因此,环境伦理是从自然的内在与人的内在阐释人对自然态度与行为的合理性。"环境伦理学主张的环境伦理原则是用来约束人类行为的,而不是要求自然的"③,人具有道德意识,能够确立道德秩序,是道德的"代理人",虽然人类与自然地位平等,但是自然相对于人来说是客观存在的,具有客观性,而人具有理性思考能力,应从内生价值的维度去思考环境问题,纠正现代工业社会发展下对工具理性推崇所导致的"人类精神家园失落"与为了获得经济利益不惜牺牲环境的错误导向,确立以内生价值为导向的经济社会发展模式与环境友好型社会建设目标,扭转现代性发展悖论局面,实现基于人的内生价值追求的自由而全面的发展。

① 郁乐:《价值理想与制度设计的断裂——论非人类中心论环境伦理的应用困境》,载《华中科技大学学报(社会科学版)》2010年第24卷第4期,第30页。
② 卢文忠:《环境伦理与"三型社会"》,载《社会科学家》2013年第9期,第35-38页。
③ 王国聘、李亮:《论环境伦理制度化的依据、路径与限度》,载《社会科学辑刊》2012年第4期,第18页。

三、制度伦理内生价值向度的完善

制度伦理不是制度与伦理的简单结合,而是制度的外在规定性与伦理的内在约束性的融合与统一,这在制度伦理的实践发展中体现出一定的难度。制度伦理沿袭传统伦理,其调节对象仍然是人与人、人与社会之间的关系,忽视人与自然的关系,在面对经济与生态问题时往往解释力不足,不能引导和确立人与自然、经济与生态之间的本然关系。"制度伦理是不同于个体伦理的公共伦理的有机组成部分"[①],个体伦理是对个人道德伦理与美好品质的培养与塑造,强调个体性与私有性,而制度伦理是公共产物,是面向所有人的规范,因此,其对社会发展与人类生存都具有重要的价值意义。

制度伦理本身的公共属性决定了其具有更加显著的外在性特点,是对制度本身的合道德性与存在于社会基本结构中的道德准则的体现。在现代国家治理中,任何一项制度的制定与执行都必然要纳入伦理考量,发挥伦理评价功能,这就要求制度伦理进一步加强其内生价值导向。环境伦理的内生价值向度为制度伦理的完善提供新的支撑。首先,环境伦理的理论范畴扩展了制度伦理的规定范围,环境伦理注重人与自然的关系视角,而这一视角正是制度伦理所欠缺的。我们需要从环境伦理的实质内涵中不断汲取理论精华,用以丰富制度伦理的内容,使其具有更加全面的视角。其次,环境伦理的主体价值观点加强了制度伦理对于人的主体性的进一步认知。"除非我们能够提供一种如同马克思所说的'合乎人性'健康生长的制度环境,否则,社会成员普遍美德的形成就是一句空话"[②],在人与物的两个维度中,人的主体性往往因制度的作用而被客体化,而环境伦理可以通过纠正人的生

---

① 教军章:《行政伦理的双重维度——制度伦理与个体伦理》,载《人文杂志》2003 年第 3 期,第 25 页。
② 高兆明:《制度伦理与制度"善"》,载《中国社会科学》2007 年第 6 期,第 42 页。

产方式误区,突出人的主体性价值,弥补制度伦理对人的主体性认知的不足。最后,环境伦理对人类生存的关注为制度伦理在处理经济与生态关系上提供了新思路。在当今社会,经济与生态往往处于两难境地,单一方面追求经济发展就会有破坏生态的风险,只关注生态建设则会减缓经济发展的速度,如何处理好经济与生态的关系成为现代社会发展的重要命题,环境伦理在这对关系的处理上给予制度伦理以新的思考方式,进一步加强内生价值引导,关注人类生存环境,实现以人为核心的发展。

第四节 环境伦理赋予环境治理
以政策协调性与连贯性

不断推进环境治理、提高环境治理有效性,是管理哲学视域的环境伦理的题中应有之义,也是将环境伦理与现实实践紧密相连的纽带。促进环境治理的政策协调性与连贯性是对当前管理活动中存在的环境问题的现实回应,即对环境治理的迫切需求与现有环境政策之间存在差异与矛盾,无法形成合力,急需环境伦理对环境政策予以引导和整合,探索环境多元共治理念下政策与技术的双重进路。

一、环境治理的政策需求与政策差异

随着经济社会的发展,环境危机事件频发,突出体现了环境治理的紧迫性。政府作为环境治理的核心参与主体,如何针对具体的环境问题与典型案例给予回应,如何面对日益严重的环境污染问题,如何处理经济与环境之间的关系,如何以历史的视角看待现代的环境治理方式,这些问题构成当前政府环境治理的政策困境。环境治理中存在政策需求,也存在政策差异。环境问题是整体性问

题,但是由于普遍存在地域差别、民族差别、文化差别、信仰差别,所以不同背景中的人对环境问题的认知以及环境治理政策的选择有所不同。

环境污染是一种生产成本,将这种生产成本降至最低需要制定富有创造性和针对性的环境政策,以及在此基础上对政策进行整合与协调,促使人们在对人与环境关系的思考中构建制度体系并采取环境治理行动。在面对环境问题时,人们所持的环境价值观决定了环境问题的走向,也导致了环境政策的差异。第一,以个体利益需求为尺度的环境价值观将自然界作为满足个体利益的工具,不顾其他个体和整体的利益,是一种极端的利己主义;第二,以某个利益集团的利益需求为尺度的环境价值观,比如某企业以实现企业自身的经济利益为目标,粗暴地对待当地自然环境,其污染物排放等行为严重破坏自然环境;第三,以某地域的需求为尺度的环境价值观,即根据某地域的自然环境特点开发与利用自然环境资源,而不顾环境破坏对相邻地域产生的影响;第四,以国家或民族利益需要为尺度的环境价值观,即因某个国家或某个民族的环境主张而造成环境问题,危及全人类,实际上体现的是狭隘的民族主义。[①] 基于以上不同的环境价值观的不同环境政策,导致基于不同国家、文化、地域的环境政策呈现碎片化与差异化的特点。因此,环境治理政策差异化的客观存在要求人们对环境政策进行协调与整合,以面对人类共同的环境问题。从环境政策实施的整体情况来看,多元合力的治理方式在缺少环境伦理引导的前提下举步维艰,环境危机共治将很难实现。在这种情况下,对环境伦理核心价值观念的重申与深刻再认识将有助于环境政策的协调与整合。

---

① 杨继文:《中国环境治理的两种模式:政策协调与制度优化》,载《重庆大学学报(社会科学版)》2018 年第 24 卷第 5 期,第 109 页。

二、实体正义与程序正义保障下的环境政策选择

环境伦理总是涉及人类群体的需求与利益,不仅关涉人与自然的关系,而且影响着在此基础上形成的人与人、人与社会的关系。环境伦理关涉人类群体的主张与政策需求,通过指导制度、政策、规范的制定实现环境资源的合理运用。环境伦理不只是关于环境问题的基础理论体系,而且指导环境政策的制定以解决环境危机与社会危机,帮助形成治理合力。

环境政策的制定与落实要遵从环境伦理的正义原则,并在此基础上体现实体正义与程序正义。环境利益分配正义是实现社会正义所绕不开的话题,那么,人人享有环境利益分配的权利与保护环境的义务是实体正义的重要指向,环境政策制定与实施的程序正义是实体正义得以实现的重要方式。环境利益分配正义的实现需要政府协调相关的政策制度与法规,除此之外,有待于国家间、地区间、群体间基于共同的环境伦理价值认知,就环境政策达成共识,形成环境政策整体系统,实现环境政策的协调性与连贯性。环境治理中的公平正义主要体现在环境决策公平、治理结构公平、环境参与公平等方面,其中环境决策公平是实现治理结构公平和环境参与公平的基础和保障。① 因此,在环境政策的探讨、制定与实施过程中,既要考虑到在不同地域、文化背景下客观存在的差异化问题,又要结合环境正义原则探索实体正义与程序正义共同保障下的环境政策选择,以环境伦理为引导,创新环境治理政策工具,以经济激励、命令-控制、公众参与等政策工具相互结合补充的方式发挥环境治理效力。② 目前,环境政策大多是以环境利益为导向的,这不能从根本上化解环境危机。构建以环境伦理

---

① 朱旭峰、王笑歌:《论"环境治理公平"》,载《中国行政管理》2007 年第 9 期,第108 页。

② 王红梅、王振杰:《环境治理政策工具比较和选择——以北京 PM2.5 治理为例》,载《中国行政管理》2016 年第 8 期,第 126 页。

为导向的环境政策将更能体现社会公平正义,这是人们实现美好生活、人与自然和谐发展的前提和基础。

三、环境多元共治理念下政策与技术的双重进路

环境政策的协调性与连贯性不仅体现在不同国家、地区、文化等背景下形成的具有差异化的政策之间的协调,而且体现在不同参与主体对环境政策的整合。环境问题的治理不能完全依靠政府这一单一主体,引导和吸纳社会组织、公众共同参与环境保护才是真正解决环境危机与由环境问题引发的社会危机的途径,即形成环境多元共治的价值理念。环境多元共治的实现需要借助政策与技术的双重进路,由此导入环境政策与技术的融合问题。

在多元主体参与的环境多元共治中,技术创新与政策创新同样重要,二者共同发挥作用。面对高投入、高排放、高污染的现行生产方式,仅仅依靠环境政策创新依然无法完全解决环境问题。政策的指导性有利于规范人们的生产行为,但是有时我们不得不承认,一定程度的环境污染是工业生产的必然代价,既然无法完全避免环境污染,那么就要借助于现代科学技术手段将污染净化,比如污水净化处理技术、污染物检测技术、噪音控制技术等等。技术创新是产业升级与产业结构转型的必经之路,"技术创新作为一种具有工具合理性的科技与经济相结合而一体化发展的结构功能连续统,乃是现代社会系统为满足其经济、科技与社会协调发展之功能需要而作出的一种系统结构功能分化的结果"[1]。

环境政策并不是一成不变的,而是处于动态调整之中,技术与政策的融合需要在政策的不断调试过程中实现,政策调试能力可以理解为制度化建构与政策安排的双重调试,以此实现技术调试组织过程中

---

[1] 冯鹏志:《论技术创新行动的环境变量与特征——一种社会学的分析视角》,载《自然辩证法通讯》1997 年第 19 卷第 4 期,第 39 页。

多元参与主体及其治理关系之间的匹配过程。亦可通过建构"技术嵌入-政策吸纳"的分析框架,促使技术嵌入与政策吸纳互为动力,技术推动环境治理体制机制的建设,同时政策吸纳的过程需要技术予以支撑和保障。

本章小结

探讨环境伦理对管理活动的作用是破解环境伦理困境的重要手段。整体主义管理价值观的塑造、公共性指向的管理责任的确立、制度伦理内生价值向度的完善、环境治理的政策协调性与连贯性等通过环境伦理的多元价值观引导得以实现,能够妥善处理、解决,并切实预防环境问题,降低环境危机促成社会危机的风险,减少环境危机产生的不利影响,并且进一步完善了管理哲学,在批判反思的基础上赋予现代管理以正确的发展方向,以促进人与人、人与自然、人与社会的共同发展。

第六章　绿色发展：
中国环境伦理实践之维

从环境伦理的实践维度来看,中国绿色发展理念的提出既是对环境伦理价值内涵的彰显,也是当代化解人与自然矛盾、解决环境危机的重要举措。绿色发展是马克思主义生态思想本土化的成果,在推进生态文明建设、构建环境友好型社会方面发挥重要的理论支撑与实践引导作用。尤其是党的十八大以来,生态文明建设不断体现在国家治理与国家顶层设计中。新时代十年,在习近平生态文明思想的科学指引下,全党全国推动绿色发展的自觉性和主动性显著增强,生态建设从认识到实践发生历史性、转折性、全局性变化,美丽中国建设迈出重大步伐。绿色发展延承了可持续发展理念的合理内核,是实现人与自然和谐共生的关键。绿色发展不仅仅体现在生态领域,也体现在政治、经济、社会、文化等领域。统筹推进“五位一体”总体布局,促进经济发展和绿色转型,走出一条具有中国特色的绿色发展道路。

第一节　中国环境治理下的绿色发展概述

绿色发展是中国环境伦理的具体实践。从中国的具体国情出发,绿色发展有其特定的科学内涵和理论基础。相较于传统的粗放式发展模式而言,绿色发展更加注重科技创新与产业结构升级,倡导绿色生产和绿色生活,力图减少人类活动给环境带来的压力,在生态与经济之间取得平衡,促进人与自然和谐发展。

一、绿色发展的科学内涵

绿色发展是可持续发展的延续,是在环境伦理指导下采取的具体措施。从其本质来讲,绿色发展以和谐、整体的观念关注人与自然的关系,"所谓绿色发展,是在生态环境容量和资源承载能力的制约下,通过保护自然环境实现可持续科学发展的新型发展模式和生态发展理念"①,以此改变传统的粗放式发展模式,倡导人们采用绿色生产和绿色生活方式,在谋求社会发展与社会进步的同时保护自然环境,促进环境可持续,实现代内与代际公平发展。单纯强调经济增长的发展被称为"黑色发展"。进入 21 世纪,环境保护运动以及绿色工业革命的兴起,使人类社会的发展模式由"黑色发展模式"转变为"绿色发展模式"。②

绿色发展的含义较为广泛,涉及人类生活的方方面面。绿色发展以绿色环境发展为基础,包括绿色经济、绿色社会、绿色政治、绿色文化等③。绿色发展是环境伦理的重要实践方向和实践举措,探求精细化的生产和生活方式,以创造人类幸福美好的生活环境为目的,谋求人的自由而全面的发展。从这个意义上讲,绿色发展是将人从传统的资本与劳动异化中解放出来的重要方式,同时是现代关于人、自然、社会发展观念的重要转变。构建环境友好型社会是实现绿色发展的前提,倡导绿色生产、绿色消费是实现绿色发展的根本途径,"推动绿色转型发展,树立低碳循环理念,发展低碳经济和循环经济,是今后较长

---

① 王玲玲、张艳国:《"绿色发展"内涵探微》,载《社会主义研究》2012 年第 5 期,第143 页。

② 胡鞍钢、周绍杰:《绿色发展:功能界定、机制分析与发展战略》,载《中国人口·资源与环境》2014 年第 24 卷第 1 期,第 14 页。

③ 谷树忠、谢美娥、张新华、黄文清:《绿色发展:新理念与新措施》,载《环境保护》2016 年第 44 卷第 12 期,第 13 页。

一段时期内世界各国经济社会可持续发展的重要方向"①。绿色发展是以高效率、低消耗、低排放、可循环为主要特征,实现经济社会发展"生态化"的一种新型发展模式。绿色发展统筹经济、社会、人口、资源、环境等多方面要素,力图实现人、自然与社会的整体发展与共同进步。绿色发展,从其科学内涵出发,能够实现环境保护与经济发展的有效结合,走出一条低投入、低消耗、高产出、可循环、高效率的新型工业化道路。因此,绿色发展必须贯穿现代工业发展的全过程,真正落实到人的实践活动中。

二、绿色发展的理论路径

绿色发展理念是长期以来人们对人与环境问题深刻反思的结果,绿色与发展的融合体现了人类在发展观念与发展方式方面的深刻转变。自古以来,我国便不乏对人与环境问题的相关讨论,"天人合一""道法自然""万物平等"等思想都深刻反映了人对自然的态度,是现代绿色发展理念的传统文化根基。此外,马克思主义思想中关于人与自然以及绿色发展的阐述为我国绿色发展理念提供了理论基础,也可以说,绿色发展理念是马克思主义中国化的理论成果。"在绿色发展的释义里,人类与环境的关系既不失简单朴素的基础,同时又融入了更多的经济、社会、文化等因素,形成了人、自然、社会的复合系统"②,绿色发展是环境伦理的具体实践。

自新中国成立以来,随着我国经济社会快速发展和工业化进程的迅速推进,环境问题接踵而至。我国始终重视环境保护工作,在马克思主义理论的指导下,结合我国具体实践情况,不断推出环境治理政

① 田文富:《环境伦理与绿色发展的生态文明意蕴及其制度保障》,载《贵州师范大学学报(社会科学版)》2014 年第 3 期,第 72 页。
② 黄茂兴、叶琪:《马克思主义绿色发展观与当代中国的绿色发展——兼评环境与发展不相容论》,载《经济研究》2017 年第 6 期,第 19 页。

策,确保兼顾环境与发展,从而使得环境问题一直处于可控的范围内并得到逐步解决。1972 年,我国派代表出席了联合国人类环境会议,并于 1973 年召开第一次全国环境保护会议,研讨环境问题并制定环境保护方针,这意味着我国首次将环境保护工作纳入国家治理与顶层设计。随后,我国实施可持续发展战略,提出科学发展观,将人与自然和谐相处作为构建社会主义和谐社会的重要内容之一,提出建设资源节约型和环境友好型社会,重视生态文明建设。在这个过程中,我国逐步提升了关于环境保护的认识。党的十八大首次强调建设美丽中国。推进生态文明制度建设,将绿色发展作为新发展理念之一,深刻体现了绿色发展在我国的理论发展路径。绿色发展不但有效推动着我国的生态文明建设,而且是推动我国经济转型的重要力量。党的二十大报告将人与自然和谐共生的现代化列为中国式现代化之一,就"推动绿色发展,促进人与自然和谐共生"做出了战略部署,这是以习近平同志为核心的党中央深刻洞察人类文明发展大势、站在新的历史起点上做出的重大历史判断和战略布局。绿色发展在我国已经形成了比较完善的理论发展脉络和有层次性、连续性、动态性、系统性的理论体系,彰显了我国对环境保护的重视与决心。习近平生态文明思想是新时代生态文明建设的行动指南。2013 年,习近平总书记在中共中央政治局第六次集体学习时强调,要更加自觉地推动绿色发展、循环发展、低碳发展,决不以牺牲环境为代价去换取一时的经济增长。①

三、绿色发展的价值意义

绿色发展在当代中国乃至全世界都具有重要的实践意义,是对"黑色发展模式"的纠正,同时也是当下"以人为本"协调人与自然关

---

① 《坚持节约资源和保护环境基本国策 努力走向社会主义生态文明新时代》,《人民日报》2013 年 5 月 25 日,第 1 版。

系的必然选择。首先,绿色发展体现了人与自然之间全面的、动态的交互融合关系。发展是一个动态的过程,在不同的发展阶段,人与自然之间呈现不同的关系样态,从人对自然的"绝对服从",到人的主体意识觉醒后不断超越自然的限制甚至对自然进行无尽剥夺,再到环境危机出现后对人与自然关系的反思。绿色发展所呈现的并不是人与自然之间简单的相互适应,而是人与自然之间真正的相互交融与相互促进。其次,绿色发展能够有效推动生产力发展。在全球生态环境保护与建设的大背景下,生态环境领域的技术创新成为各国努力探寻的新经济增长点,绿色发展通过绿色、低碳、环保、多次利用、安全、高效等优点进一步助推产业结构调整,促进生产力发展,转变经济增长方式,实现绿色经济发展。"从'黑色发展'到'绿色发展'的价值转变,是人与自然之间的统一关系在发展方式上的体现"①,转变发展观念、促进产业结构调整、推动经济发展方式转型是绿色发展的重要目标与价值意义。再次,绿色发展反映了人与环境之间广泛的、多维立体的空间联系。绿色发展强调生产、生活、生态三者之间的有机融合,这就要求在生产空间、生活空间与生态空间的重合中探索三者相互平衡与共同发展的方式,形成适应于绿色发展的产业格局、城市化格局、生态安全格局。人与自然之间存在纵横交错的关系网络,绿色发展是将该网络进行整体统筹协调以实现生产发展、生活富裕、生态良好的重要路径。最后,绿色发展遵循自然规律和约束机制,调整人与自然的关系至最优状态。人类的生存与发展要遵循自然规律,敬畏自然不等于畏惧自然,不能因敬畏自然而变得束手束脚,但也不能过度开发利用自然资源。绿色发展遵循自然环境的客观规律,并以相关制度的形式确保人类在开发和利用自然时保持合理限度。

---

① 张乾元、苏俐晖:《绿色发展的价值选择及其实现路径》,载《新疆师范大学学报(哲学社会科学版)》2017 年第 38 卷第 2 期,第 26 页。

第二节　中国绿色发展的环境伦理审视

我国贯彻绿色发展理念,取得了显著的实践成果。但是,在环境伦理的审视下,绿色发展过程中仍然存在着一些问题,包括对绿色发展的环境价值认知不足、绿色发展中人的主体理性被夸大、绿色发展的环境制度仍有欠缺等等。

一、绿色发展的环境价值认知不足

绿色发展是环境伦理的重要实践面向,也是我国基于环境伦理意蕴所采取的应对环境问题的具体措施。目前,在我国,绿色发展的相关理论不断得到完善,实践过程顺利开展,取得了良好的效果,环境问题在逐步得到解决。但是,绿色发展中关于环境价值的认知仍然存在分歧:有人认为环境就是服务于人类的,环境的价值仅取决于其为人类所做的贡献;有人认为环境是客观存在的,其价值取决于人类对待它的态度;有人认为环境本身具备一定的价值,且这种价值不以人的意志为转移,即环境伦理的观点。因此,从环境伦理的角度考察绿色发展,就是对环境价值赋予新的认知。

我国自进入工业社会以来,随着经济的不断增长以及人们对物质欲求的不断增加,环境一度成为人们攫取物质利益的"工具",环境污染、水资源匮乏等生态问题频发。出现环境危机的重要原因是人们对环境价值的认知不足,人们普遍认识不到自然环境的客观属性及其对人类的影响,"在人类实践的作用下,自然开始分化为自在自然和人化自然。实践能力的提升决定着人化自然的拓展,人化自然的状况反过来也会制约人类发展"[1]。在现阶段我国的绿色发展实践中,人们普

---

① 张金伟、吴琼:《绿色发展理念的哲学基础、实现路径及重大意义》,载《生态经济》2017 年第 33 卷第 2 期,第 173 页。

遍重视环境价值,对环境价值的认知有较大程度的改观。我们要清楚地知道自然环境于人类具有优先性,且应将该优先性融入对环境价值的正确认知当中去,并在绿色发展实践中始终贯彻这样的正确认知,从而使人人尊重自然、热爱自然、保护环境。绿色发展不是经济问题,而是民生问题。当前阶段,人民日益增长的美好生活需要与不平衡不充分的发展之间存在矛盾,绿色发展将成为有效调和这一矛盾的手段。因此,提高人们对环境价值的认知,对当代中国进一步推动绿色发展实践、探索更加全面的绿色发展道路具有重要的价值和意义。

二、绿色发展中夸大人的主体理性

在探索绿色发展道路的过程中,人的主体理性始终发挥主导作用。但是,如果绿色发展完全依赖于人的主体理性和主观能动性,那么绿色发展将会走向虚无,因为人的主体理性并不是无所不能的。所以,在探索绿色发展的过程中,不能过分依靠人的主体理性,而是应该遵循自然本身的发展规律,借助人的主体理性,在环境伦理与制度建设的框架下实现绿色发展。

1978 年,诺贝尔经济学奖获得者赫伯特·亚历山大·西蒙(Herbert Alexander Simon)提出有限理性模型,认为人的有限理性是介于完全理性和非完全理性之间的有限度的理性,人的有限理性主要是由人本身的心理机制决定的,任何一个人都不可能完全了解事物的全部,也不可能预想到事件的全部走向,因此无法对事件做到完全的预判,这种有限理性是不以人的意志为转移的。相比于人的有限理性而言,自然的发展规律更加具有恒定性,因此,在探索绿色发展道路的过程中,人的理性只能发挥部分作用。"新发展阶段全面绿色转型既要遵循绿色发展客观规律,又要凸显绿色发展价值引领,让人民群众能够共享绿色发展成果;强调的是探求人与自然之间矛盾的逐步解决,而不是简单调和人与自然之间的矛盾"①,绿色发展强调的不是简单地回归到人类社会早期时期人与自然共生的原始状态,而是要实现人与自然相互促进、共生共荣的新发展目的。我们要清楚地认识到,这一目的的实现不能完全依靠人的主体理性,人的主体理性并不能判断和预知到所有事件的结果,自然规律是先在的,环境伦理在这一层面给予我们启示:关爱与尊重是人对自然最好的态度,人与自然的共同进步才是绿色发展所要追寻的真正目的。生态文明建设是当代中国社会发展的重要任务之一,统筹推进经济、政治、社会、文化、生态文明建设"五位一体"总体布局是我们当代人的使命和责任。绿色发展中,人的主体理性是有限的,因此,必须要遵循自然发展规律,充分利用管理哲学规范人的生产和生活行为,贯彻绿色发展理念,绝不能夸大人的主体理性的作用。

三、绿色发展的环境制度仍有欠缺

1989年,英国经济学家大卫·皮尔斯(David Pearce)首先在《绿色经济蓝皮书》中提出"绿色经济"的概念,主张从社会和生态条件出发,建立一种"可承受的经济"。经过《21世纪议程》《联合国气候变化框架公约》等一系列文件的签署,绿色发展已然成为全球共识。2008年,联合国秘书长潘基文在联合国气候变化大会提出"绿色新政"的概念,倡导将国家治理与绿色发展紧密结合。绿色发展体现了环境伦理的核心价值。绿色发展同样必须借助管理活动发挥作用,环境制度体现了管理哲学在绿色发展中的应用。

绿色发展是我国新时代发展的重要方向,绿色发展理念正在逐步深入人心,但是,绿色发展的环境制度建设却明显处于滞后状态。环境制度是推动绿色发展进程的重要保障,"推动绿色发展,建设生态文

---

① 陈若松、余文涛:《论新发展阶段全面绿色转型的价值逻辑》,载《理论月刊》2021年第5期,第66页。

明,重在建章立制,用最严格的制度、最严密的法治保护生态环境"①,因此,环境制度在生态文明建设与绿色发展中具有重要作用,不可或缺。目前,我国在推进绿色发展与绿色经济的过程中,不断制定、修正与完善相关制度,但是,从整体效果来看,环境制度建设仍有不足。绿色发展作为五大发展理念之一,在国家治理体系中占有重要的地位与价值,同时,绿色发展制度的完善是国家治理体系与治理能力现代化的体现,在此论域中,绿色发展的实现路径离不开国家治理的支持与保障,国家治理的进一步完善也离不开绿色发展。发展是具有阶段性和规律性的,我们在充分继承传统模式下经济增长论的有益价值后,探索发展方式绿色转型,这并不意味着我们完全抛弃了传统模式下经济增长的意义,而是在批判、反思与继承的基础上提出绿色发展,"必须牢固树立资源节约、环境友好型社会发展的理念,推动生产、生活方式的绿色化以实现人口、经济与资源环境相协调"②,实现这一切的前提是建立完善的环境制度。

第三节　管理哲学视域绿色发展路径的构建

　　从管理哲学的角度,在对绿色发展实践中存在的现实问题予以反思的基础上,探讨构建绿色发展路径的具体措施。法律与制度的进一步完善是构建绿色发展路径的基础保障,生产与消费方式的转变是构建绿色发展路径的方式,绿色政绩考核与监管主体责任落实是构建绿色发展路径的监督体系。

---

　　① 秦书生、胡楠:《中国绿色发展理念的理论意蕴与实践路径》,载《东北大学学报(社会科学版)》2017 年第 19 卷第 6 期,第 635 页。
　　② 戴秀丽:《我国绿色发展的时代性与实施途径》,载《理论视野》2016 年第 5 期,第 59 页。

一、环境法治与绿色制度保障体系的构建与完善

党的二十大报告指出,"中国式现代化是人与自然和谐共生的现代化"①,明确了我国新时代生态文明建设的战略任务,总基调是推动绿色发展,促进人与自然和谐共生。深化绿色发展理念、探索绿色发展道路、凝结绿色发展共识,都离不开环境保护法律体系和制度的建设与完善。习近平总书记在全国生态环境保护大会上的讲话中指出:"用最严格制度最严密法治保护生态环境,加快制度创新,强化制度执行,让制度成为刚性的约束和不可触碰的高压线。"②保护生态环境必须依靠法治,依靠制度,依靠完善的生态文明制度体系。针对目前我国相关环境法治与绿色制度的现实情况,应根据具体的环境问题制定具体的制度保障内容,"推动生态环境质量实现根本好转,经济增长、生态保护与社会发展之间实现良性循环"③,实现以人为本,全面推进经济建设、政治建设、文化建设、社会建设、生态文明建设。

法律是治国之重器,法治化是国家治理现代化的必由之路。习近平总书记在党的二十大报告中指出:"大自然是人类赖以生存发展的基本条件。尊重自然、顺应自然、保护自然,是全面建设社会主义现代化国家的内在要求。必须牢固树立和践行绿水青山就是金山银山的理念,站在人与自然和谐共生的高度谋划发展。"④"用最严格制度最严密法治保护生态环境"是中国生态文明建设必须坚持的基本原则,

① 《习近平:高举中国特色社会主义伟大旗帜,为全面建设社会主义现代化国家而团结奋斗——在中国共产党第二十次全国代表大会上的报告》,载中华人民共和国中央人民政府网:https://www.gov.cn/xinwen/2022-10/25/content_5721685.htm.

② 吕忠梅:《用最严格制度最严密法治保护生态环境》,载中国共产党新闻网:http://theory.people.com.cn/GB/n1/2018/0918/c40531-30299399.html? ivk_sa=1024320u.

③ 任平、刘经伟:《高质量绿色发展的理论内涵、评价标准与实现路径》,载《内蒙古社会科学(汉文版)》2019年第40卷第6期,第126页。

④ 《习近平:高举中国特色社会主义伟大旗帜,为全面建设社会主义现代化国家而团结奋斗——在中国共产党第二十次全国代表大会上的报告》,载中华人民共和国中央人民政府网:https://www.gov.cn/xinwen/2022-10/25/content_5721685.htm.

也是完善中国特色社会主义法律体系的重要内容。党的十八大以来，在习近平总书记亲自谋划和推动下，生态环境保护作为立法重点领域，填空白、补短板、强弱项的步伐明显加快，生态环境法律体系更加健全。2014 年，我国根据现代环境问题的具体情况对《中华人民共和国环境保护法》进行了修订，修订后的法律对大气污染、水污染、固体废弃物污染等环境问题及其防治措施做出了具体规定，能够在更大程度上确保环境污染的防治与环境保护的落实。2018 年，《宪法修正案》载入"生态文明"，确定"美丽中国"国家目标，明确国家保护生态环境和生活环境的国家任务，赋予国务院领导和管理生态文明建设职能。

随着时间的推移，以及人与自然的相互作用，一方面，法律制度需要不断根据外界环境条件的改变做出相应的调整，面对"生态环境保护任务依然艰巨"的严峻挑战，生态环境立法现状与实现"人与自然和谐共生的现代化"新使命的要求还有一些距离；另一方面，与法律相配套的法规制度仍需完善，以确保法律制度能够落地、落实，形成制度体系。绿色发展对国家环境政策的决策能力和革新能力提出了较高的要求：既要针对本国复杂多元的环境问题做出及时、准确的判断，合理预判政策工具选择和制度创新的结果，又必须对解决环境问题、把握革新方向、克服政策阻力等具有一定的决心。① 绿色发展的法律制度建设需要进一步推进相关组织机构整合，通过相关机构和部门的重组，强化环境保护职能，加大环境政策执行力度，为环境法律制度建设与环境一体化综合治理提供保障。此外，应采用多元化的手段确保法律制度的贯彻、执行与落实，同时仍需进一步细化法律内容，在处理环境问题时做到有法可依、有法必依。

---

① 舒绍福：《绿色发展的环境政策革新：国际镜鉴与启示》，载《改革》2016 年第 3 期，第 104 页。

二、政府引导下绿色生产与绿色消费方式的转变

西方语境下的"治理"（governance）源自希腊语或拉丁语，有"掌舵"的意思，有多中心、多主体的特征，是对管理的超越。在我国，治理一词的含义有所不同。我国以政府主体作为核心，吸纳其他社会组织共同参与治理过程，政府主体在治理过程中发挥着重要的作用。国家治理体系和治理能力现代化是实现社会主义现代化的题中应有之义，国家治理现代化与绿色发展相结合，不仅突出了生态环境法治与绿色制度体系的重要性，而且实现了政府引导下的人们生产与生活方式的绿色转变。

转变生产方式的前提是转变经济发展方式，这需要政府不断扶持生态产业，发展低碳循环经济，逐步推进"碳达峰""碳中和"。推进绿色发展，必须构建起以科学技术为支撑、以资源能源消耗低为重点、以环境污染少为目标的产业结构，构建低能耗、低污染的生产方式，不片面追求经济增长，以高质量发展为目标，探寻人与自然的综合发展。绿色发展以低碳经济为核心，"低碳经济是一种新的发展模式，是 21 世纪人类最大规模的经济、社会和环境革命，将比以往的工业革命意义更为重大，影响更为深远"①。环境伦理的理论效果目前在我国仍然未能完全彰显，因此，在追求低碳经济时，不能完全忽视其伦理基础，我们应进一步加强环境伦理认知，做到理论与实践相结合。

绿色消费方式以绿色发展理念为指导，促使人们形成绿色健康的消费行为，是对现代工业社会下粗放的生产与消费方式的深刻反思，凝聚了人们的环保共识，其目的是有效应对生态危机、建设环境友好型社会。促进绿色消费，政府是主导力量，企业是重要的参与主体，社会公众是主要的践行力量。倡导绿色消费，就是要倡导勤

---

① 冯之浚、周荣：《低碳经济：中国实现绿色发展的根本途径》，载《中国人口·资源与环境》2010 年第 20 卷第 4 期，第 2 页。

俭节约,反对奢侈浪费,创建绿色机关、绿色家庭、绿色社区,不断激发人民群众的自主性与创造性,逐步实现绿色生活方式。绿色消费可反过来推进绿色产业的发展,促使企业选择绿色生产方式以满足人民对绿色生活的需求。

三、绿色政绩考核与监管主体责任落实

绿色发展是当代人在处理人与自然关系时的必然选择,也是当代人对现代工业社会背景下环境危机深刻反思的结果,具有重要的实践价值。我国的绿色发展以传统文化精髓为根基,以绿色发展理念为引导,以环境伦理为核心,以现代国家治理和法治为规约,构建人与自然和谐发展下的环境友好型社会。完善的环境监督制度是实现与推进绿色发展的重要保障,其中,通过对领导干部进行绿色政绩考核来加强监管主体的责任落实。

环境监督制度要求政府实施监管职能、承担监管责任。政府应拓宽监管渠道,加大对企业的监管力度,吸引多主体参与环境保护,明确各方责任,促使环境管理发挥整体效力。以单一经济增长为核心的考核方式已然不能满足绿色发展的需要,建立绿色政绩考核评价体系能够有效加大对绿色发展的监管力度,推动绿色发展进程。首先,建立绿色政绩考核评价指标体系,根据水耗、能耗、建设用地、污染排放量等设置指标,并设立评分机制,"所谓绿色政绩考核指标体系,就是把绿色 GDP 核算(GDP 扣除生态、资源、环境成本和相应的社会成本)的主要内容和指标作为干部政绩考核的硬性指标"①。其次,完善绿色政绩考核机制,形成多元考核主体共同参与的格局。领导干部绿色政绩考核除了上级组织参与之外,还要吸纳民众、社会组织等主体参与进来,形成多元考评机制,使用科学合理的考评方法,结合经济、社会、

---

① 姜艳生:《对建立干部绿色政绩考核体系的思考》,载《领导科学》2008 年第 3 期,第 27 页。

第六章 绿色发展:中国环境伦理实践之维

文化等方面对领导干部进行综合测评。最后,建立制度保障体系,确保监管主体责任落实。应将环境治理与环境保护的相关举措以制度的形式固定下来,例如领导干部生态文明责任追究制度与监管制度,严格落实生态文明建设的国家治理顶层设计要求,将环境伦理作为基本参照,贯穿绿色发展理念,形成具有中国特色的社会主义绿色发展道路。

本 章 小 结

绿色发展是我国环境伦理的具体实践形式。绿色发展理念的提出具有理论延展性与现实可行性,是我国环境问题的具体情况与环境伦理的精神实质二者相融合的产物。到目前为止,我国绿色发展已经取得很大的成绩,在协调经济与生态关系方面发挥重要作用。习近平总书记的生态文明思想始终作为我国现代生态文明建设的根本方略,是当代人不断为之努力与奋斗的重要使命。鉴于此,在管理哲学视域,从环境伦理的角度,深入分析绿色发展的精神内核、剖析绿色发展存在的问题、探讨进一步完善绿色发展的路径构建,对于进一步发挥绿色发展的作用、共建人与自然和谐发展环境具有重要的意义,形成具有中国特色的绿色发展道路,为世界各国探索绿色发展提供中国方案。

结　　论

　　管理哲学视域的环境伦理问题研究,是在管理学领域,站在哲学高度,运用反思与批判的思维方式,剖析环境伦理的本质内涵、具体表现形式,以及其在管理活动中的困境,进而阐释环境伦理对于管理活动的作用及其对于破解以上困境的策略,并探讨了环境伦理在我国的具体实践形式——绿色发展的价值意义及其构建路径。本书基于管理学领域与视角探讨环境伦理问题,始终围绕管理活动与环境伦理之间的相互作用与辩证关系展开,由阐述基本释义到提出问题再到破解困境,最后落在我国的具体实践形式,完成由破到立的过程。管理哲学视域中的环境伦理,不仅探讨人与自然之间的关系,而且探讨在此基础上产生的人与人、人与社会之间的关系。通过分析与论述,得出以下结论:

　　1. 管理哲学视域的环境伦理是对人类中心主义与非人类中心主义的融合与超越。环境伦理的价值选择是多元的,关注人的价值利益,也注重自然的价值利益,强调人与自然和谐发展,以及在此基础上的经济发展与环境保护的平衡与协调。环境伦理本身具有综合性、整体性与协调性指向,将人与自然视为一个整体,人的行为活动的前提是考虑自然的整体利益。

　　2. 环境正义是面向具体的"人"与"自然"关系的行动伦理范式,体现管理现实向度的精神内核。环境正义不仅是环境伦理的具体表现形式之一,而且是社会正义的重要内容,是实现社会公正的重要视角。管理哲学能够有效融合环境正义与社会正义,能够充分阐释环境正义所面临的管理现实问题。

3. 自然本身具备内在价值与自然权利,且这一价值与权利不以人的意志为转移,同时不以人的价值选择为评判标准,人与自然之间存在道德关系,应在此基础上确立人对自然的道德关怀。

4. 基于环境承载能力的考量,人类社会发展应是一种有限制、可选择的发展。人类社会发展必然以环境资源作为支撑,是在环境承载能力范围内的发展,应尽力确保在适度发展的同时减少环境损耗,谋求经济与环境的平衡,因此,应以科技创新不断推动产业升级和产业结构调整。

5. 环境伦理的价值内涵影响管理价值观的塑造、管理责任的确立、制度伦理内生向度的完善、环境治理政策的整合等。通过厘清上述问题,可破解环境伦理的管理困境,实现环境伦理真正的价值内涵指向,实现人与自然和谐发展,实现人与人、人与社会的可持续发展,形成多元共治的环境治理模式。

综上所述,本研究虽然取得了一些理论进展,但是仍然有很大的研究空间,如管理流程中环境问题的深入影响、具体的环境治理政策实施基础与落实效果、环境危机的国际治理策略等。对这些问题的探讨将成为后续研究的主要内容,以使研究更加完善。

参考文献

一、中文文献

[1]奥德姆.生态学基础[M].孙儒泳,钱国桢,林浩然,等,译.北京:人民教育出版社,1981.

[2]布朗.建设一个持续发展的社会[M].祝友三,等,译.北京:科学技术文献出版社,1984.

[3]内贝尔.环境科学:世界存在与发展的途径[M].范淑琴,张国今,梁淑文,等,译.北京:科学出版社,1987.

[4]卡普拉,斯普雷纳克.绿色政治——全球的希望[M].石音,译.北京:东方出版社,1988.

[5]戈尔.濒临失衡的地球——生态与人类精神[M].陈嘉映,等,译.北京:中央编译出版社,1997.

[6]诺兰,等.伦理学与现实生活[M].姚新中,等,译.北京:华夏出版社,1988.

[7]纳什.大自然的权利:环境伦理学史[M].杨通进,译.青岛:青岛出版社,1999.

[8]罗尔斯顿.环境伦理学——大自然的价值以及人对大自然的义务[M].杨通进,译.北京:中国社会科学出版社,2000.

[9]罗尔斯顿.哲学走向荒野[M].刘耳,叶平,译.长春:吉林人民出版社,2000.

[10]奥康纳.自然的理由——生态学马克思主义研究[M].唐正东,臧佩洪,译.南京:南京大学出版社,2003.

[11]罗尔斯.作为公平的正义——正义新论[M].姚大志,译.上海:上海三联书店,2002.

[12]罗尔斯.正义论[M].何怀宏,何包钢,廖申白,译.北京:中国社会科学出版社,1988.

[13]诺奇克.无政府、国家和乌托邦[M].姚大志,译.北京:中国社会科学出版社,2008.

[14]马尔库塞.单向度的人——发达工业社会意识形态研究[M].刘继,译.上海:上海译文出版社,2008.

[15]森.资源、价值与发展[M].杨茂林,郭婕,译.长春:吉林人民出版社,2010.

[16]森.以自由看待发展[M].任赜,于真,译.北京:中国人民大学出版社,2012.

[17]本顿.生态马克思主义[M].曹荣湘,李继龙,译.北京:社会科学文献出版社,2013.

[18]雷恩,贝德安.西方管理思想史(第六版)[M].孙健敏,黄小勇,李原,译.北京:中国人民大学出版社,2013.

[19]谢尔登.管理哲学[M].刘敬鲁,译.北京:商务印书馆,2013.

[20]罗素.西方哲学史:上卷[M].何兆武,李约瑟,译.北京:商务印书馆,2011.

[21]罗素.西方哲学史:下卷[M].马元德,译.北京:商务印书馆,2011.

[22]梯利.西方哲学史[M].贾辰阳,解本远,译.北京:光明日报出版社,2013.

[23]马克思.1844年经济学哲学手稿[M].中共中央马克思恩格斯列宁斯大林著作编译局,编译.北京:人民出版社,2014.

[24]恩格斯.自然辩证法[M].中共中央马克思恩格斯列宁斯大

林著作编译局,编译.北京:人民出版社,2018.

[25]弗莱彻.境遇伦理学[M].程立显,译.北京:中国社会科学出版社,1989.

[26]官鸣.管理哲学[M].上海:知识出版社,1993.

[27]佘正荣.生态智慧论[M].北京:中国社会科学出版社,1996.

[28]佘正荣.中国生态伦理传统的诠释与重建[M].北京:人民出版社,2002.

[29]刘福森.西方文明的危机与发展伦理学——发展的合理性研究[M].南昌:江西教育出版社,2005.

[30]汪劲,田秦,等.绿色正义——环境的法律保护[M].广州:广州出版社,2000.

[31]伊武军.资源、环境与可持续发展[M].北京:海洋出版社,2001.

[32]樊浩.伦理精神的价值生态[M].北京:中国社会科学出版社,2001.

[33]李培超.自然的伦理尊严[M].南昌:江西人民出版社,2001.

[34]曹孟勤.人性与自然:生态伦理哲学基础反思[M].南京:南京师范大学出版社,2004.

[35]傅华.生态伦理学探究[M].北京:华夏出版社,2002.

[36]何怀宏.生态伦理:精神资源与哲学基础[M].保定:河北大学出版社,2002.

[37]杨通进.走向深层的环保[M].成都:四川人民出版社,2000.

[38]袁闯.管理哲学[M].上海:复旦大学出版社,2004.

[39]余谋昌,王耀先.环境伦理学[M].北京:高等教育出版社,2004.

[40]金岳霖.道·自然与人[M].桂林:广西师范大学出版社,2005.

[41]李仁武.制度伦理研究——探寻公共道德理性的生成路径

［M］.北京:人民出版社,2009.

　　［42］陈新夏.可持续发展与人的发展［M］.北京:人民出版社,2009.

　　［43］郭咸纲.西方管理思想史(插图第4版)［M］.北京:世界图书出版公司北京公司,2010.

　　［44］何颖.行政哲学研究［M］.北京:学习出版社,2011.

　　［45］苏力.从契约理论到社会契约理论—— 一种国家学说的知识考古学［J］.中国社会科学,1996(3):79-103.

　　［46］方军.制度伦理与制度创新［J］.中国社会科学,1997(3):54-66.

　　［47］刘福森.自然中心主义生态伦理观的理论困境［J］.中国社会科学,1997(3):45-53.

　　［48］高春花.论人类对环境的道德关怀［J］.河北大学成人教育学院学报,1999,1(4):10-12,38.

　　［49］郑慧子.人对自然有必然的伦理关系［J］.自然辩证法研究,1999,15(11):54-58.

　　［50］马鸣萧.环境性贫困问题研究［J］.西安电子科技大学学报(社会科学版),2000,10(1):25-31.

　　［51］徐嵩龄.环境伦理观的选择:可持续发展伦理观［J］.生态经济,2000(3):38-40.

　　［52］徐嵩龄.论现代环境伦理观的恰当性——从"生态中心主义"到"可持续发展"到"制度转型期"［J］.清华大学学报(哲学社会科学版),2001,16(2):54-61.

　　［53］雷毅.环境伦理与国际公正［J］.道德与文明,2000(1):24-27.

　　［54］雷毅.环境整体主义:争议与辩护［J］.南京林业大学学报(人文社会科学版),2012,12(3):1-6.

　　［55］费多益.环境价值:寻求公共的实践理性［J］.自然辩证法研

究,2000,16(1):15-19,42.

[56]宋文新.发展伦理的核心关怀:维护弱势群体的资源与环境权益[J].长白学刊,2001(2):45-47.

[57]曹明德.从人类中心主义到生态中心主义伦理观的转变——兼论道德共同体范围的扩展[J].中国人民大学学报,2002(3):41-46.

[58]祝灵君,聂进.公共性与自利性:一种政府分析视角的再思考[J].社会科学研究,2002(2):7-11.

[59]杨通进.环境伦理学的三个理论焦点[J].哲学动态,2002(5):26-30.

[60]杨通进.全球环境正义及其可能性[J].天津社会科学,2008(5):18-26.

[61]王韬洋.有差异的主体与不一样的环境"想象"——"环境正义"视角中的环境伦理命题分析[J].哲学研究,2003(3):27-34.

[62]王韬洋.环境正义:从分配到承认[J].思想与文化,2015(1):110-122.

[63]李祖扬,魏俊国.略论中国传统文化中的环境伦理思想[J].学术探索,2003(1):93-96.

[64]王乐夫,陈干全.公共性:公共管理研究的基础与核心[J].社会科学,2003(4):67-74.

[65]贾新奇.论道德权变的特征与类型——兼评对待道德权变问题的几种态度和方法[J].道德与文明,2003(3):17-21.

[66]教军章.行政伦理的双重维度——制度伦理与个体伦理[J].人文杂志,2003(3):22-28.

[67]何颖.马克思的世界历史理论[J].马克思主义研究,2003(2):41-49.

[68]何颖.论政治理性的特征及其功能[J].政治学研究,2006(4):107-113.

[69]何颖.制度伦理及其价值诉求[J].社会科学战线,2007(4):37-41.

[70]何颖.国家治理的伦理回归[J].行政论坛,2020(6):83-92.

[71]肖显静.科学的新发展与环境伦理学的完善[J].自然辩证法研究,2004,20(4):98-100,104.

[72]张奎良."以人为本"的哲学意义[J].哲学研究,2004(5):11-16.

[73]李培超.环境伦理学的正义向度[J].道德与文明,2005(5):19-22.

[74]李培超.中国环境伦理学的十大热点问题[J].伦理学研究,2011(6):83-92.

[75]俞可平.科学发展观与生态文明[J].马克思主义与现实,2005(4):4-5.

[76]韩立新.论环境伦理学中的整体主义[J].学习与探索,2006(3):26-29.

[77]张登巧.环境正义—— 一种新的正义观[J].吉首大学学报(社会科学版),2006,27(4):41-44.

[78]马奔.环境正义与公众参与——协商民主理论的观点[J].山东社会科学,2006(10):132-134.

[79]孙维屏.对可持续发展观的辩证分析[J].理论学习与探索,2006(4):82-83.

[80]何志伟.环境伦理在可持续发展中的社会功能[J].安阳师范学院学报,2006(1):40-42.

[81]尹瑞法.功能与机制:环境伦理对可持续发展实践的价值分析[J].经济与社会发展,2007,5(5):22-24.

[82]高兆明.制度伦理与制度"善"[J].中国社会科学,2007(6):41-52.

[83]盛国军.对可持续发展观的辩证思考[J].学术交流,2007

（5）：20-24.

[84]杜鹏.环境正义：环境伦理的回归[J].自然辩证法研究,2007,23（6）：4-7,19.

[85]张敏.环境伦理学的生态整体论方法论原则[J].白城师范学院学报,2007,21（1）：4-7,18.

[86]李志平.论发展中国家的贫困与环境循环问题[J].经济评论,2007（6）：83-87,92.

[87]高文武.可持续发展伦理对环境伦理的超越[J].理论月刊,2007（9）：32-34.

[88]李爱年,陈程.生态整体观与环境法学方法论[J].时代法学,2008,6（4）：3-10.

[89]金太军.论政府公共管理责任的承担[J].行政论坛,2008（1）：15-19.

[90]赵成.马克思的生态思想及其对我国生态文明建设的启示[J].马克思主义与现实,2009（2）：188-190.

[91]高小玲.绿色贸易壁垒的成因及对策[J].经济研究导刊,2009（11）：191-192.

[92]汪忠杰,陈秀峰.关怀伦理视野下的环境伦理难题[J].湖北大学学报（哲学社会科学版）,2009,36（5）：29-32.

[93]白强.环境管理与环境伦理协调关系研究[J].环境科学与管理,2009,34（12）：22-24.

[94]何建华.环境伦理视阈中的分配正义原则[J].道德与文明,2010（2）：110-115.

[95]郁乐.价值理想与制度设计的断裂——论非人类中心论环境伦理的应用困境[J].华中科技大学学报（社会科学版）,2010,24（4）：30-34.

[96]曹孟勤.自然即人 人即自然——人与自然在何种意义上是一个整体[J].伦理学研究,2010（1）：63-68.

参考文献

［97］郁建兴,何子英.走向社会政策时代:从发展主义到发展型社会政策体系建设［J］.社会科学,2010(7):19-26.

［98］冯之浚,周荣.低碳经济:中国实现绿色发展的根本途径［J］.中国人口·资源与环境,2010,20(4):1-7.

［99］胡中华.环境正义视域下的公众参与［J］.华中科技大学学报(社会科学版),2011,25(4):66-71.

［100］卓光俊,杨天红.环境公众参与制度的正当性及制度价值分析［J］.吉林大学社会科学学报,2011,51(4):146-152.

［101］崔永和,黄家军."以人为本"对生态环境的价值关怀［J］.青海民族大学学报(教育科学版),2011(2):5-9.

［102］王彩波,张磊.试析邻避冲突对政府的挑战——以环境正义为视角的分析［J］.社会科学战线,2012(8):160-168.

［103］王玲玲,张艳国."绿色发展"内涵探微［J］.社会主义研究,2012(5):143-146.

［104］卢文忠.环境伦理与"三型社会"［J］.社会科学家,2013(9):35-38.

［105］王国聘,李亮.论环境伦理制度化的依据、路径与限度［J］.社会科学辑刊,2012(4):17-21.

［106］张梅.绿色发展:全球态势与中国的出路［J］.国际问题研究,2013(5):93-102.

［107］吕福新.绿色发展的基本关系及模式——浙商和遂昌的实践［J］.管理世界,2013(11):166-169.

［108］坚持节约资源和保护环境基本国策 努力走向社会主义生态文明新时代［N］.人民日报,2013-05-25(1).

［109］谷树忠,胡咏君,周洪.生态文明建设的科学内涵与基本路径［J］.资源科学,2013,35(1):2-13.

［110］孔成思,孙道进.环境伦理与可持续发展观［J］.山西师大学报(社会科学版),2013,40(2):33-36.

[111]胡鞍钢,周绍杰.绿色发展:功能界定、机制分析与发展战略[J].中国人口·资源与环境,2014,24(1):14-20.

[112]郁乐,孙道进.试论自然观与自然的价值问题[J].自然辩证法研究,2014,30(9):110-115.

[113]田文富.环境伦理与绿色发展的生态文明意蕴及其制度保障[J].贵州师范大学学报(社会科学版),2014(3):70-75.

[114]许广月.从黑色发展到绿色发展的范式转型[J].西部论坛,2014,24(1):53-60.

[115]王瑜,许丽萍.关于环境伦理的行政思考[J].长春市委党校学报,2014(5):25-29.

[116]何艳玲.对"别在我家后院"的制度化回应探析——城镇化中的"邻避冲突"与"环境正义"[J].人民论坛·学术前沿,2014(6):56-61,95.

[117]秦书生,杨硕.习近平的绿色发展思想探析[J].理论学刊,2015(6):4-11.

[118]王海芹,高世楫.我国绿色发展萌芽、起步与政策演进:若干阶段性特征观察[J].改革,2016(3):6-26.

[119]戴秀丽.我国绿色发展的时代性与实施途径[J].理论视野,2016(5):59-61.

[120]徐海静.可持续发展环境伦理的认同与构建[J].理论与改革,2016(3):113-117.

[121]李丽丽.可持续发展的环境伦理思考[J].科技创新与应用,2016(30):170-171.

[122]王野林.生态整体主义中的整体性意蕴述评[J].学术探索,2016(10):13-19.

[123]谷树忠,谢美娥,张新华,等.绿色发展:新理念与新措施[J].环境保护,2016,44(12):13-15.

[124]舒绍福.绿色发展的环境政策革新:国际镜鉴与启示[J].改

参考文献

革,2016(3):102-109.

[125]杨宜勇,吴香雪,杨泽坤.绿色发展的国际先进经验及其对中国的启示[J].新疆师范大学学报(哲学社会科学版),2017,38(2):18-24.

[126]秦书生,胡楠.中国绿色发展理念的理论意蕴与实践路径[J].东北大学学报(社会科学版),2017,19(6):631-636.

[127]张金伟,吴琼.绿色发展理念的哲学基础、实现路径及重大意义[J].生态经济,2017,33(2):172-175.

[128]张乾元,苏俐晖.绿色发展的价值选择及其实现路径[J].新疆师范大学学报(哲学社会科学版),2017,38(2):25-32.

[129]黄茂兴,叶琪.马克思主义绿色发展观与当代中国的绿色发展——兼评环境与发展不相容论[J].经济研究,2017(6):17-30.

[130]宋惠芳.当前中国城乡环境利益失衡的原因及出路——以资本逐利为解读视角[J].晋阳学刊,2017(4):107-113.

[131]张成福,聂国良.环境正义与可持续性公共治理[J].行政论坛,2019(1):93-100.

[132]张喆.分析环境伦理与区域可持续发展[J].企业科技与发展,2019(11):22-23.

[133]任平,刘经伟.高质量绿色发展的理论内涵、评价标准与实现路径[J].内蒙古社会科学(汉文版),2019,40(6):123-131.

[134]路强.从敬畏自然到环境关怀——关怀伦理的生态智慧启示[J].东南大学学报(哲学社会科学版),2020,22(4):13-19.

[135]袁祖社.环境公共性价值信念与美好生活的全生态考量——实践的环境伦理学的当代视野与范式创新[J].道德与文明,2020(6):23-32.

[136]叶冬娜.以人为本的生态伦理自觉[J].道德与文明,2020(6):44-51.

[137]冯馨蔚,郑易平.推动构建人类生态共同体的内在需求及现

实困境[J].毛泽东邓小平理论研究,2020(12):78-84.

[138]李莎,刘方荣.生态共同体的生成逻辑与构建路径研究[J].河南理工大学学报(社会科学版),2020,21(4):23-27.

[139]孙亚君."放任自然"还是"优化自然"——论个体主义与整体主义关于环境管理的张力与合力[J].科学技术哲学研究,2020,37(6):101-107.

[140]王妍.论环境伦理与人的辩证本性之耦合关系[J].自然辩证法研究,2021,37(4):124-128.

[141]王云霞.马克思恩格斯对资本主义的"环境正义"批判及其中国意义[J].安徽师范大学学报(人文社会科学版),2021,49(2):49-54.

[142]王芳,毛渲.特殊的主体与普遍的诉求:环境正义的多维张力与进路[J].理论导刊,2021(3):91-97.

[143]李焕.黄河文化的本位回归与传承路径——人与自然共生的视角[J].理论导刊,2021(8):123-129.

[144]盛雪仪,王飞.马克思"人化自然"的实践维度及其生态意蕴[J].中共云南省委党校学报,2021(1):36-44.

[145]丰琰.当代中国"公共性"问题及建设路径研究[J].马克思主义哲学,2021(3):104-111.

[146]陈若松,余文涛.论新发展阶段全面绿色转型的价值逻辑[J].理论月刊,2021(5):66-71.

二、外文文献

[1] BOND A, POPE J, MORRISON-SAUNDERS A, et al. Taking an environmental ethics perspective to understand what we should expect from EIA in terms of biodiversity protection[J]. Environmental impact assessment review, 2021,86.

参考文献

［2］BASTIAN M. Whale falls, suspended ground, and extinctions never known［J］. Environmental humanities, 2020,12(2):454-474.

［3］SANNA G, SERRELI S, BIDDAU G M. Policies and architectures for the unthinkable era: new resilient landscapes in fragile areas of Sardinia［J］. Sustainability, 2020,12(20):1-30.

［4］WODAK J. (human-inflected) Evolution in an age of (human-induced) extinction: synthetic biology meets the anthropocene［J］. Humanities, 2020,9(4):126.

［5］LARUE L. The case against alternative currencies［J］. Politics, philosophy & economics, 2022, 21(1):75-93.

［6］PUIG JORDI, VILLARROYA A, CASAS M. No net loss: a cultural reading of environmental assessment［J］. Sustainability, 2022, 14(1):337.

［7］HOGH P. Auch die natur wartet auf die revolution［J］. Deutsche zeitschrift für philosophie, 2021, 69(5):742-764.

［8］VON NEGENBORN C. A fuzzy ontology: on the relevance of ecocentrism in marine environmental ethics［J］. WMU journal of maritime affairs, 2022,21(1):57-71.

［9］SHOCKLEY K. The environmental constituents of flourishing: rethinking external goods and the ecological systems that provide them［J］. Ethics, policy and environment, 2022, 25(1):1-20.

［10］O'BRIEN, G D. Beneficence, non-identity, and responsibility: how identity-affecting interventions in nature can generate secondary moral duties［J］. Philosophia, 2022,50:887-898.

［11］YEE N, SHAFFER L J, GORE M L, et al. Expert perceptions of conflicts in African vulture conservation: implications for overcoming ethical decision-making dilemmas［J］. The journal of raptor research, 2021,55(3):359-373.

[12] MAGNENAT L. "Think like a mountain" - "to think of Oedipus": a psychoanalytic contribution to environmental ethics[J]. The international journal of psychoanalysis, 2021, 102(4):734-754.

[13] TOMA A, CRIAN O. Research on developing environmental ethics in pharmacists' activities [J]. Environmental health, 2021, 20 (1):52.

[14] ZHANG Y F. A preliminary study of ecological ethics [J]. Capitalism, nature, socialism, 2021, 32(1):27-36.

参考文献